准设计师

工学商教研孵化全程课案

桂元龙／刘诗锋　主编

广东轻工职业技术学院
艺术设计学院　　　编

南方传媒　｜　岭南美术出版社

中国·广州

图书在版编目（CIP）数据

准设计师：工学商教研孵化全程课案/桂元龙，刘诗锋主编；广东轻工职业技术学院艺术设计学院编.—广州：岭南美术出版社，2024.9

ISBN 978-7-5362-7242-2

Ⅰ.①准… Ⅱ.①桂… ②刘… ③广… Ⅲ.①工业设计—人才培养—培养模式—研究—中国 Ⅳ.① TB47

中国版本图书馆 CIP 数据核字(2021)第 058657 号

责任编辑：刘　音
责任技编：谢　芸
助理编辑：周白桦
　　　　　刘佩婷

整体策划：刘　音
装帧设计：木古善文化传播　何伟健
图片摄影：黄嘉慧　凌浩生

准设计师

工学商教研孵化全程课案

ZHUNSHEJISHI　GONG XUE SHANG JIAOYAN FUHUA QUANCHENG KEAN

出版、总发行：岭南美术出版社（网址：www.lnysw.net）
　　　　　　　（广州市天河区海安路 19 号 14 楼 邮编：510627）

经　　　销：全国新华书店
印　　　刷：佛山市华禹彩印有限公司
版　　　次：2024 年 9 月第 1 版
印　　　次：2024 年 9 月第 1 次印刷
开　　　本：889 mm×1194 mm　1/16
印　　　张：14
字　　　数：268 千字
印　　　数：1—1000 册

ISBN 978-7-5362-7242-2

定　　　价：145.00 元

 编委会

主　编

桂元龙　　刘诗锋

编　委

徐　禹　　伏　波

杨　淳　　廖乃徵

周唯为　　罗冠章

许国栋　　赵　坤

梁智坚　　麦智文

林栋联　　张庆图

目 录

课案 1 *036*
干衣胶囊

课案 2 *106*
巡检机器人

课案 3
良品铺子零食开发

146

升级课案：
准设计师补给站

184

专 论

桂元龙

聚焦职业能力　培养职业设计师

◤ 一、职业教育项目制课程教学改革的背景

职业教育不同于普通教育，以服务于区域经济，为生产一线培养技术技能人才为己任，职业性是其最基本的属性。一方面，职业性是指其人才培养与职业岗位能力紧密相连的规律性。虽然随着技术革命推动产业持续进步，新岗位层出不穷，技术技能更迭不断，但针对职业岗位与技术技能要求，职业教育设置课程安排实训的路径始终如一。破解高等教育人才培养与社会需求脱节的问题，说一千道一万，其核心始终都不外乎围绕着生产实践的工作任务、工作场景、工作方法、考核评价和运行机制来展开，从最原始的口耳相传，手把手教的师徒更续，到近代被世界广为推崇的"德国双元制"和"澳大利亚 TAFE 体系"，虽然在体制机制和组织形式上各有不同，但其职业属性和产教融合开展的技术技能培养路径都保持相对稳定。

另一方面，职业性是指职业规范和专业素养的综合要求。三百六十行，行行出状元，行行有规范。职业有操守，职业知敬畏，一个真正的职业者要有进退的勇气。每个职业都有着与众不同的运行规律和作业规范，一名训练有素的职业者在举手投足间都会透出一种特有的职业风范，这也是"职业"与"业余"的区别所在。

就传统技艺来看，术业专攻，精益求精于极致，古今中外不乏其例。享誉世界的宋代瓷器，让人叹为观止的明式家具，都是师父带着徒弟在一个个工艺制作的驱动下，在日复一日的精打细磨中，逐渐培养出一代又一代的大国工匠，传统技艺在这种作坊工匠式的传授体系中传承至今；就现代教育而言，到20世纪80年代，大学教育普遍存在如

创新不足、过于重视理论教育、与实践脱节、缺乏专业化等各种问题。受到欧洲的劳动教育思想的影响，项目教学法应运而生，这一教学方法最早产生于职业教育发达的德国，它是双元制教育模式的产物，校企双方通过紧密协作，共同来完成职业教育的教学任务。德国学生的学习时长一般为两年，项目制课程教学一般在第二年内完成。学生在企业中进行职业技能的相关培训，如果通过了企业考核就可以继续在所培训的企业工作，那么既能帮助企业解决用人需求，又解决了学生的就业问题。正是由于这一套独具特色的职业教育制度，德国才能在二战后迅速崛起，并逐步发展成为当今的科技强国之一。面对云计算、物联网、大数据、智能化带来的颠覆性革命，"新工科""新文科"以及"专业群"概念的提出，可见跨界融合已形成了新时代背景下学科建设和专业发展的新趋势，从某种意义上看，

体系完善的原有学科和专业课程反而会成为校企跨界融合发展的一种障碍。在专业群建设中打破壁垒，实现跨专业资源整合的最有效方式就是开展项目协作，推行项目制课程教学，依据项目任务来取舍、重构知识与能力培养的项目制课程是实现跨领域人才培养的最有效途径。随着国家战略性新兴产业——数字创意产业的兴起和传统产业的数字化转型，涌现了一批以产品运营、交互设计、体验设计、CMF 设计为代表的新兴创意设计岗位，对设计创意人才提出了市场营销、体验设计、用户研究以及数字技术赋能等高新技术应用的要求，而项目制课程教学正是引导数字创意设计教育人才培养模式改革的必然选择。国家职业教育类型发展规划和推动产教融合建设的一系列政策举措，为新时代职业教育发展指明了方向，为项目制课程教学广泛深入开展创造了有利的环境条件。

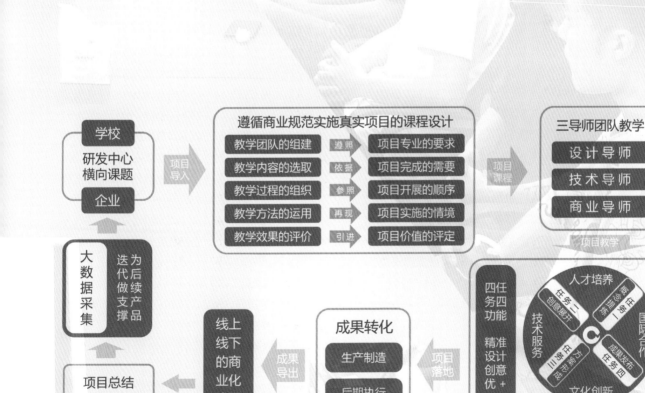

遵循商业规范实施真实项目的课程设计

| 学校 | | | 三导师团队教学 |

项目导入

研发中心
横向课题

企业

教学团队的组建	遵照	项目专业的要求
教学内容的选取	依据	项目完成的需要
教学过程的组织	参照	项目开展的顺序
教学方法的运用	再现	项目实施的情境
教学效果的评价	引进	项目价值的评定

项目课程

设 计 导 师

技 术 导 师

商 业 导 师

项目教学

大数据采集

为后续产品做支撑
迭代

项目总结

线上线下的商业化流通

成果导出

成果转化

生产制造

后期执行

项目落地

四任务四功能

精准设计创意优 +

人才培养

任务一 创意展开

任务二 方案沙盘

技术服务

国际合作

任务三 效果确认

任务四 成果发布 及书面方案

文化创新

从设计作品到设计商品的转化，是高职艺术设计类人才培养与市场需求对接的根本要求，也是解决用人单位对大学毕业生工作适应性能力差的最有效办法。针对高职艺术设计类专业人才培养与市场需求脱节的问题，以推进深度产教融合、培养学生商业价值创造能力的商品设计为目标，实施高职创意设计类专业"工学商一体化"人才培养模式改革与实践，是广东轻工职业技术学院（以下简称"广轻工"）艺术设计学院在我国艺术设计教育领域开展教育教学改革的一个创举。

该项改革以 2007 年广东省精品课程《产品设计》建设为起点；2010 年制定改革实施方案并在产品造型设计专业试点；2014 年形成了高职产品艺术设计专业"工学商一体化"人才培养方案，应用到艺术设计学院相关专业，并逐步得到其他高职院校的响应；2017 年艺术设计学院在 7 个专业和方向中推行"工学商一体化"项目制课程教学改革，相关教学改革成果在"全国职业院校艺术设计类作品'广交会'同步交易展"上得到李志宏教授等教育部专家的高度肯定；2019 年"高职艺术设计类专业'工学商一体化'人才培养模式的改革与实践"获广东省教育教学成果奖一等奖；2021 年落实"工学商一体化"项目制课程教学的"服务数字创意产业人才培养的高职'三师'教学创新团队建设的探索与实践"，并获得广东省教育教学成果奖一等奖。

2023 年，"高职艺术'设计类专业'工学商一体化人才培养模式的改革与实践"获国家级教学成果奖二等奖。

高职艺术设计类专业"工学商一体化"人才培养模式，强调在理论和实践相结合的基础上增加"商"的环节，以商业规范来引导强化教学成果的落地和流通性，通过市场流通环节对商业价值的创造能力来检验促进教学改革，在与市场的动态对接中保持职业教育的生命活力。"工学商一体化"项目制课程的核心是，在教学中强化教学内容来源于企业的真实项目，教学过程等同于设计流程，课程作品转化为流通商品，将真实项目、教学过程、作品转化融为一体，实现从学生到设计师的转变。其顺利运行的基础是依据设计创新产业链打造教学实践与社会服务并重的设计创新共享平台，构建"多级项目、能力递进"模块化项目制课程体系，组建产教深度融合"三导师"教学创新团队，实施"创意优 +"教学方法改革，才能顺利打通设计成果商业转化的"最后一公里"。"工学商一体化"人才培养模式以广轻工针对中国特色高水平产品艺术设计专业群为基础，进行跨专业的资源整合，开展"创意设计 + 数字技术"融合的人才培养，为实现群内专业从"共融共生"到"共生超越"发展提供了有力支撑。

三、"工学商一体化"项目实战营人才孵化培养模式

"工学商一体化"项目实战营的落地，源于2019年10月，我去山东烟台参加"2019世界工业设计大会暨国际设计产业博览会"，在与东方麦田创始人、董事长刘诗锋偶遇。刘诗锋是工业设计界的实力派大咖，他创办的东方麦田是国家级工业设计中心、国家高新技术企业、中国十佳工业设计公司以及国际绿色设计企业，集策略研究、产品研发、工业设计、品牌策划、产品推广、商业展示、创新管理于一体，在工业设计界影响力卓著。我在聊天时了解到，刘诗锋带领下的东方麦田每年都会免费举办一次"准设计师孵化营"，助力设计新人成长，且这一培训模式坚持了十年，非常难能可贵，非情怀大者不能为之，让我非常感动。而他对我院开展的"工学商一体化"人才培养模式改革也高度认同，当我提议校企协同发展益于职业设计人才培养事时，他当即欣然应承。我们一拍即合，就有了2020年9月"首届'工学商一体化'项目制课程实战营暨东方麦田第11届准设计师孵化营"在顺德大门工业设计园的落地。

"工学商一体化"项目制课程实战营暨准设计师孵化营的实施，得到东方麦田公司的高度重视。学员的工作生活有专人指导，实战项目任务计划周密，内容安排充实，刘诗锋亲自授课，设计总监、市场总监、项目负责人、设计师、工程师和学院派驻的老师组成"三导师"教学团队全流程跟进，让学员很快融入准设计师的角色，各小组项目进展顺利，一个月之后成果发布会如期举行。结营总结会上学员派发"准设计师"名片时，学员的自信与喜悦、导师们对项目成果的欣慰与赞赏，为实战营培训划上了一个完美的句号。

通过针对性的真实项目实践、全链条学习及场景体验，学生对设计产业链有了充分的接触和认知，为他们在今后成长为创新型复合型职业设计师、满足社会需求发挥作用。实战营与孵化营培训合并举办是高职艺术设计教育名校与设计行业头部企业协力开展真实项目课程教学改革，助力设计人才培养的有益尝试。该活动得到教育部职业教育艺术设计类专业教学指导委员会产品设计专门委员会，以及广东省高职教育艺术设计类专业教学指导委员会的高度重视，作为项目指导单位计划对实战营项目进行深度打磨，在不断完善优化后将面向社会推广。

机缘巧合，作为"工学商一体化"项目制课程2.0版的实战营，其举办也得到了岭南美术出版社领导的高度认同与大力支持，并以刘音主编为首成立了编辑小组，编写过程中编辑组成员不仅深入到大门工业设计园东方麦田公司现场体验实战营现场教学，还为学员布置了课外的作业总结，大量采集了项目实战过程中学员工作生活的第一手资料，她们为《准设计师·工学商教研孵化全程课案》的编辑出版劳心费力，其严格的要求与严谨的作风感染力十足，不经意间为学生开启了一堂精益求精的工匠精神培养课程。如果"工学商一体化"项目制课程实战营与准设计师孵化营的探索经验能惠及到更多师生，功劳有岭南美术出版社编辑小组的一半。

四、"工学商一体化"项目实战营的做法

本届"工学商一体化"项目制课程实战营暨准设计师孵化营，由东方麦田组织承办，设置企业实战项目，设置工作场地和生活安排，由东方麦田和广轻工双方导师组成"三导师"教学创新团队全程指导。来自广轻工艺术设计专业大三年级的吴倩仪、陈永丰、庄锐楠等12名学员以4人为单位分成3个项目小组，依照东方麦田的作业规范、流程和方法，以真实项目的全产业链流程来开展项目实训，培养学生的职业设计能力，按照"9+3+3+3"模式开展项目制课程教学。

"9"指实战营立足于研究洞察、产品策划、核心产品、产品设计、产品开发、制造服务、推广策划、终端呈现、价值传播这9大关键节点进行全产业链创新设计，确保学生能熟悉产品创新的每一步设计流程。学员在项目实践的同时，每个节点安排资深专业导师讲授实训项目课程并布置相应任务，导师根据教学情况为学员答疑解惑，帮助学员熟悉全产业链设计过程，理清准设计师的成长路径，为新晋设计师规划职业发展。

"3"指"项目实践 + 生产现场教学 + 实战案例理论教学"三大教学实践环节。首先，学生在项目实践中进行真实项目实习，提升实操能力的同时能更准确有效地触达市场，为今后的准设计师奠定专业基础；其次，导师依据项目的工艺技术需求，带领学生去到模具厂、材料馆、大型高新技术生产基地等进行生产现场教学，直观清晰地让学生实地熟悉各类生产工艺、CMF 知识以及当下的前沿科技手段，为实现产品落地打通各个环节；最后，实战营根据学

生的节点反馈，及时安排经验丰富的专业导师进行实战案例理论教学，全方位落实项目制课程教学。

"3"指3个优质真实项目，校企双方根据市场趋势与人才培养需求研究讨论并筛选出适合的商业项目，如智能小家电设计开发、智能机器人设计以及 IP 零食设计 3个优质项目分组教学，保证项目既适合实训教学，又能实现生产落地。每个小组之间同步交流互评，可达到事半功倍的效果。

"3"指由设计类导师、技术类导师、商业类导师组成的"三导师"团队，联合指导学生完成真实项目的设计开发及落地。设计类导师负责项目的用户研究、设计创意、概念发散、方案优化、作品展示、包装及商业推广等设计方面的辅导工作；技术类导师负责项目功能实现、结构设计、模具实现及 CMF 设计等方面的辅导工作；商业类导师负责市场研究、需求发掘、市场宣传、品牌推广及整合传播等方面的辅导工作。三方导师各司其职，分工教学，有效地保证了教学质量以及学生设计作品的真实落地。

"工学商一体化"项目制课程实战营暨准设计师孵化营的

全产业链项目制课程教学不仅提升了学生的创新设计能力，还拓展了创新创业的路径和内容，改变了常态的校园课程教学格局，使人才培养模式从单一平面化过渡至全面立体化，是校企协作开展人才培养的一种有价值的探索，为职业教育艺术设计类专业的教育教学改革提供了参考，为职业产品设计人才的社会培训提供了可借鉴的样板。

实战营的成功举办和《准设计师·工学商教研孵化全程课案》的出版得到了各方面的大力支持，在这里要特别感谢东方麦田的刘诗锋、许国栋、林栋联、麦智文、赵坤、梁智坚、李鲁、嘉豪、项振宇、梁志健、张庆图、伍晓羽等企业导师的无私付出与精心辅导！感谢岭南美术出版社的刘音主编、黄嘉慧摄影师等编辑组成员的精心策划与编辑！还要感谢学院负责教学的徐禹副院长、负责校企合作的伏波副院长、产品专业群负责人杨淳、教研室主任廖乃徵、青年教师周唯为、罗冠章的默默奉献！感谢你们为新时代职业教育产品艺术设计专业的教育教学改革和人才培养所做的一切！

2024 年 6 月于广州

桂元龙
教育部职业院校艺术设计类专业教学指导委员会副秘书长产品设计专业委员会主任委员
全国轻工职业教育教学指导委员会轻工艺术设计专业委员会秘书长
广东省高职教育艺术设计类专业教学指导委员会主任委员
广东轻工职业技术学院艺术设计学院院长 / 教授 / 高级工业设计师

专 论

刘诗锋

准设计师的孵化与创意培养

缘 起

2008年前后，东方麦田在人才选用、培养的过程中，发现了一个非常普遍的问题：许多具备优秀潜质、在学校表现很好的的设计专业毕业生初入职场时，由于对企业运作不了解、对商业逻辑不理解、对生产制造和工艺材料等不熟悉，缺乏对产品的多维度思考，对产品的生产落地过程认知模糊，以设计师个人的主观审美来主导设计项目，导致设计项目反复修改、设计方案无法落地。这种状况，让企业培养设计师大费周章，很多年轻的设计师甚至逐渐失去信心和激情，从此离开设计行业，设计行业因此亦损失了很多优质人才。

东方麦田基于自身发展对人才的需求和行业责任，对如何帮助从院校走向企业的产品设计应届毕业生顺利渡过职场适应期，展开了教学与人才培养模式的探索。

探索与实践

在了解了全国 11 所开设有产品设计专业的院校的课程设置，并与广东工业大学、广轻工、佛山科学技术学院、顺德职业技术学院等合作院校老师进行多次深入探讨后，我们意识到，学校虽然对设计实践非常重视，但在教学中引入真实设计项目、有效完成并实现方案落地、全程跟进这些环节中存在很多的现实困难，而这些在东方麦田的日常工作中，却并不难实现。因此，东方麦田开始构建课程，并于 2010 年起，每年暑期举办助力优秀的产品设计应届毕业生完成"学生到职业产品设计师的转变"的公益培训——准设计师孵化营。

经过十年的培育和发展，准设计师孵化营课程从最初的"技能训练 + 顶岗实践"，到"案例讲解 + 设计思维教学"，再到"项目实践 + 生产现场教学 + 实战案例理论教学"，形成了完整的课程体系，具备了鲜明的实战教学特点：

☐ 引入真实的产品设计项目，以项目实践贯穿全程
在以设计转化落地为目的真实项目中，学员们直面企业的产品运营管理人员，直面用户需求、市场竞争和企业运营需求，与在职设计师团队并行执行设计任务。学员在项目导师的带领下，聆听客户介绍公司情况与产品开发目标，深入产品使用场景观察用户，到销售场景中观察产品售卖过程，拆解产品研究结构和材料工艺，向客户提案并听取客户方不同角色对设计方案的修改意见……

☐ 课程内容涵盖产品全价值链设计创新全流程
从研究洞察，到产品策划、产品定义、产品设计、产品开发、生产制造，再到传播推广、终端呈现、价值传播，通过真实案例、实践经验总结与项目体验，了解产品诞生的全过程。这个过程并不需要学员对每个节点做到理解消化，但可以让学员跳出设计看设计，对产品设计的全貌有所了解，培养学员的全局思维。

☐ 生产制造现场学习，亲身感受产品落地全过程
学员基于项目落地需要，带着实训目标到生产制造现场，与一线生产管理者面对面交流，学习材料工艺、手板制作、模具、注塑、钣金加工、产品组装、成本核定、性能测试、成品检验、物流运输等知识，一边学习一边调整设计方案，让设计不再停留在设计概念、效果图，而是一步一步落地，成为一个真实立体可使用的产品。

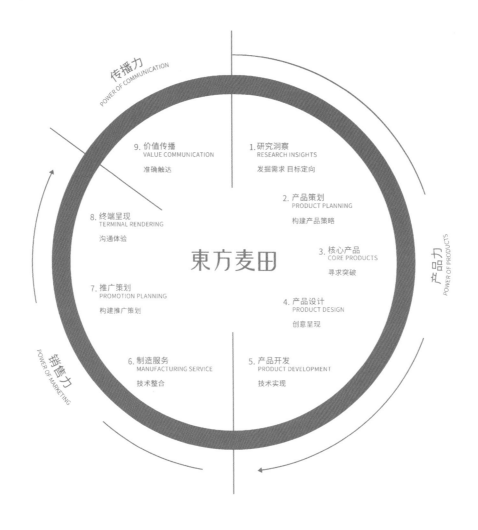

東方麦田

9. 价值传播
VALUE COMMUNICATION
准确触达

1. 研究洞察
RESEARCH INSIGHTS
发掘需求 目标定向

8. 终端呈现
TERMINAL RENDERING
沟通体验

2. 产品策划
PRODUCT PLANNING
构建产品策略

3. 核心产品
CORE PRODUCTS
寻求突破

7. 推广策划
PROMOTION PLANNING
构建推广策划

4. 产品设计
PRODUCT DESIGN
创意呈现

6. 制造服务
MANUFACTURING SERVICE
技术整合

5. 产品开发
PRODUCT DEVELOPMENT
技术实现

传播力
POWER OF COMMUNICATION

产品力
POWER OF PRODUCTS

销售力
POWER OF MARKETING

高效省心 价值保真

产品全价值链设计
PRODUCT FULL VALUE CHAIN DESIGN

 专业教育拓展

准设计师孵化营收获了来自学员、院校、企业的认可，我们希望将这种教学课程和方式推广出去，让更多的学生从中受益，更多优秀的人才能在设计行业成长发展。2020年9月，在教育部职业院校艺术设计类专业教学指导委员会产品设计专门委员会指导下，我们协同在全国具职教办学特色的广轻工产品艺术设计专业群，共同主办首届"工学商一体化"项目制课程实战营暨东方麦田第11届准设计师孵化营，准设计师孵化营课程结合广轻工在工学商

一体化项目制教学多年的探索实践经验，引入企业导师对教学的专业指导与帮助，对准设计师孵化营人才培养模式做进一步的规范和优化。未来，准设计师孵化营将以新的面貌，在职业教育中继续它的使命。

本书正是第一届联合办学过程的记录，在让更多人受益的同时也听取各方意见和建议，未来继续完善，与广轻工共同探索一条设计师快速适应职场之路。

广东省属唯一国家示范性高等职业院校，中国特色高水平职业学校和高水平专业建设单位。前身是"广东省立第一职业学校"，至今已有90年职业教育历史。

广东轻工职业技术学院

艺术设计学院创立于1975年，根植国家战略性新兴产业—数字创意产业，秉承"德能兼备·学以成之"校训，践行"设计轻工"教育，历经"工艺美术教育—现代设计教育—数字创意教育"迭代，成为国内高职艺术设计教育专业门类齐全、办学规模巨大、影响力卓著的二级学院。学院创新"工学商一体化"人才培养模式，实施跨界混编"三导师"团队教学，培养"精设计、懂科技、通商道、厚人文"的复合型创新型技术技能人才。开设的11个专业中，产品艺术设计、广告艺术设计、包装艺术设计和游戏艺术设计4个专业第三方评价金平果排名全国第一，形成国家"双高"产品艺术设计专业群引领，省级高水平服装与服饰设计专业群，和校级高水平服装视觉传达设计、环境艺术设计专业群协同发展格局。近五年，取得国家级教学成果二等奖、国家教学能力大赛一等奖等标志性成果国家级项目118项，省级项目1456项，成为中国职业教育艺术设计类专业教育教学改革的引领者。

学院践行职业教育产教融合、科教融汇办学，协同腾讯、科大讯飞、树根互联、东方麦田等行业头部企业，打造"国际数字创意谷"技术技能平台，被认定为"国家生产性实训基地""国家职业教育示范性虚拟仿真实训基地""中国工艺美术大师传承创新基地"和"广东省数字创意产教融合实践教学示范基地"。

中国十佳工业设计公司、国家高新技术企业、广东省工业设计示范企业。150余位不同学科领域的创新者从事策略研究、工业设计、互动体验、广告传播、空间设计、公关活动等创新活动。

东方麦田设计

东方麦田工业设计股份有限公司于2003年创立，是国家级工业设计中心、中国十佳工业设计公司、世界绿色设计企业，聚集了150多名全职设计师，服务于百事可乐、飞利浦、美的、松下、海尔等世界500强企业，也为中国中车股份有限公司、国家智能电网有限公司等企业提供了研究、策划或设计方面的服务，累计完成2000多个项目，致力于产品的产品力、销售力、传播力等全生命周期的设计创新服务，擅于通过用户研究、产品策划、设计助销打造爆品、赋能品牌，是中国最具规模和专业性的设计机构之一。

东方麦田立足全球视野以策略性的设计与管理理念为主导，融合中国制造企业和品牌企业的实际需求，导入设计与管理，为企业提升产品力、销售力和传播力，以创新型产品实现企业经营效益的高效转化。

工学商一体化
项目制教学架构

一、教学需求

当下产品设计专业教学面临的迫切需求是什么？

"工学商一体化"项目制课程教学的特点是什么？

准设计师孵化营的实训目标是什么？

国内产品设计专业教育当前面临的主要问题是人才培养与市场需求脱节，毕业生不能直接满足企业岗位的工作要求。其主要原因是在专业教学中，校内实训无法提供真实项目和企业环境，学生在虚拟项目实践中缺少职业素养和专业技能的训练，导致学生毕业后很难胜任实际岗位。加强产教融合、开展校企合作、创新教学模式成为当务之急。

引真实项目进课堂，遵循商业规范与要求进行的教学设计，依照全产品链实施完整的项目设计，以及由设计类导师、技术类导师和商业类导师组成的"三导师"进行全流程专业指导，是"工学商一体化"项目制课程教学的基本特点。

将"引真实项目"升级为"融合企业项目、人才和工作场景"，旨在培养具备大设计意识与工匠精神、胜任真实项目工作能力要求的高素质设计创新型人才。

二、教学定位

"准设计师孵化营"是"工学商一体化"项目制课程的企业版，相当于企业为新进员工开设的基础培训课程，主要面向工业设计服务业和数字创意产业，贯彻"立德树人"和课程目标，基于设计公司的产品设计（工业设计）师岗位和真实企业项目全作业流程，培养学生的职业素养和技术技能，实行"工学商一体"的项目制课程教学，课程依据产业链和价值链的主要节点，采取"项目实战＋情景教学＋理论探究"相结合的方式，由校企设计教师、技术导师及商业导师组建"三导师"跨界混编教学创新团队跟进辅导，依照东方麦田产品全价值链设计创新"研究洞察、产品策划、核心产品、产品设计、产品开发、制造服务、推广策划、终端呈现、价值传播"9大步骤进行教学实践，训练学生掌握基于问题导向的系统性项目设计创新能力，弘扬劳模精神与工匠精神，培养"精设计、懂科技、通商道、厚人文"的复合型、创新型的技术与技能人才。

教学的总体设计思路是，打破以知识传授为主要特征的传统教学模式，转变为以团队作业的方式进入角色，以工作任务完成为轴线来组织教学，教学内容突出对学生职业素养和技能的训练，理论知识紧紧围绕完成工作任务需要来组织，教学中引入大量的企业优秀案例，面对设计落地推广环节需要较强的工程技术知识和市场营销知识来支撑，"准设计师孵化营"专门配置的"三导师"教学创新团队中的结构工程师和资深产品设计师，负责为项目落地提供材料、结构、成型工艺和表面处理工艺等方面的指导，市场营销团队负责提供市场研究、品牌战略和市场推广方面的专业辅导。让学生在完成具体项目任务的过程中，学习相关理论知识，培养学生的创造力、执行力、学习能力和团队协作能力，掌握职业岗位所需具备的素养和技术技能，为成为一名设计师打下专业基础。

"准设计师孵化营"是学生与设计师之间的专业过渡性课程、更是学生向职业设计师转变的关键环节。通过学生进驻企业，在公司真实的环境进行岗位实训，依据产品设计（工业设计）师的职业素养、岗位技能及相关要求，使学生全面了解和适应公司的规章管理制度，提升学生的职业素养和专业技能，为毕业后走入社会胜任企业岗位的工作打下基础。

项目制课程教学是落实国家职业教育产教融合发展，为生产一线培养高素质技术技能型人才的创新举措。"准设计师孵化营"和"工学商一体化"项目制课程同样按照"岗位一能力一项目（课程）一实训"的内在逻辑，来规划教学目标、设计教学内容、挑选典型项目、安排指导教师、组织教学及实训环节。在教学目标的规划上，以广轻工产品艺术设计专业的人才培养方案为依据，既遵照国家《职业教育产品艺术设计专业教学标准》的规范，又结合东方麦田公司的运行实际，对照产品设计（工业设计）师职业岗位对技术技能的具体要求，来确定教学的知识目标、能力目标和素质目标。

知识目标的设定服务于人才培养的总体目标，高等职业教育既有别于普通高等教育，又与中等职业教育人才培养存在层次上的差异，其知识目标的设定不以完整的学科知识体系为依据，而是以满足学生胜任职业岗位技术技能的需求，及学生在今后职业生涯的可持续发展需要为依据。

1. 理解企业文化，了解企业的运营模式、工作规范及岗位要求
2. 掌握市场调研的一般流程与方法
3. 掌握竞品分析的基本工具和方法
4. 掌握产品策略和功能规划的基本理论
5. 掌握产品造型设计的基本方法
6. 掌握产品结构与构造基本原理
7. 掌握产品设计的综合表达方法
8. 掌握产品设计相关材料及加工工艺的基本知识
9. 掌握产品色彩设定和搭配的规律
10. 掌握品牌战略和市场营销的基本知识
11. 了解产品营销推广的基本策略及方法
12. 了解产品知识产权保护的相关知识

能力目标的设定以对应高素质技术技能人才岗位，以动手解决较复杂技术问题的能力需要为依据。"准设计师孵化营"的能力目标结合东方麦田产品设计全产业链的作业任务来设定，主要侧重于市场调研、市场洞察、结构创新、CMF设计、综合表达和商业推广等相关落地能力方面。

1. 掌握市场调查与分析能力
2. 掌握产品策略和功能规划能力
3. 巩固产品创意手绘表达能力
4. 巩固产品造型设计能力
5. 掌握产品结构创新能力

6. 巩固产品设计的计算机辅助静态与动态表现能力
7. 掌握产品模型制作与CMF设计能力
8. 掌握产品多媒体综合展示能力
9. 掌握产品商业转化能力

素质目标的设定主要结合职业岗位的素质要求、对现代职业人才的基本道德与人文素质要求，以及作为社会公民的综合素质等方面来考虑，包括政治素养、法律素养、道德素养、职业素养和人文素养等不同方面。"准设计师孵化营"的素质目标则主要侧重于与校园教学相补充的法律素养、道德素养和职业素养等方面。

1. 政治素养：坚决拥护中国共产党领导，树立中国特色社会主义共同理想，践行社会主义核心价值观，具有深厚的爱国情感、国家认同感、中华民族自豪感；具有社会责任感和参与意识。

2. 法律素养：具备法律意识与法治观念，尊重知识产权，形成基于法治思维与法律方式进行维权，熟练掌握与产品艺术设计专业相关的国家法律与行业规定。

3. 道德素养：树立正确的人生观，具有社会责任感和担当精神，尊重原创，培养积极向上的行为准则与规范融入社会的能力。

4. 职业素养：具备良好的职业道德、积极的职业心态和正确的职业价值观，了解设计创意行业文化，遵守职业道德准则和行为规范，形成践行劳模精神、劳动精神、工匠精神的基本能力。

5. 人文素养：具备支撑产品艺术设计专业学习和可持续发展必备的文化基础知识，具有扎实的科学素养与人文素养，具备健康的心理品质和良好的身体素质，形成具有良好文化品位、健康审美欣赏的基本能力。

东方麦田产品全价值链设计创新模式中的产品设计程序

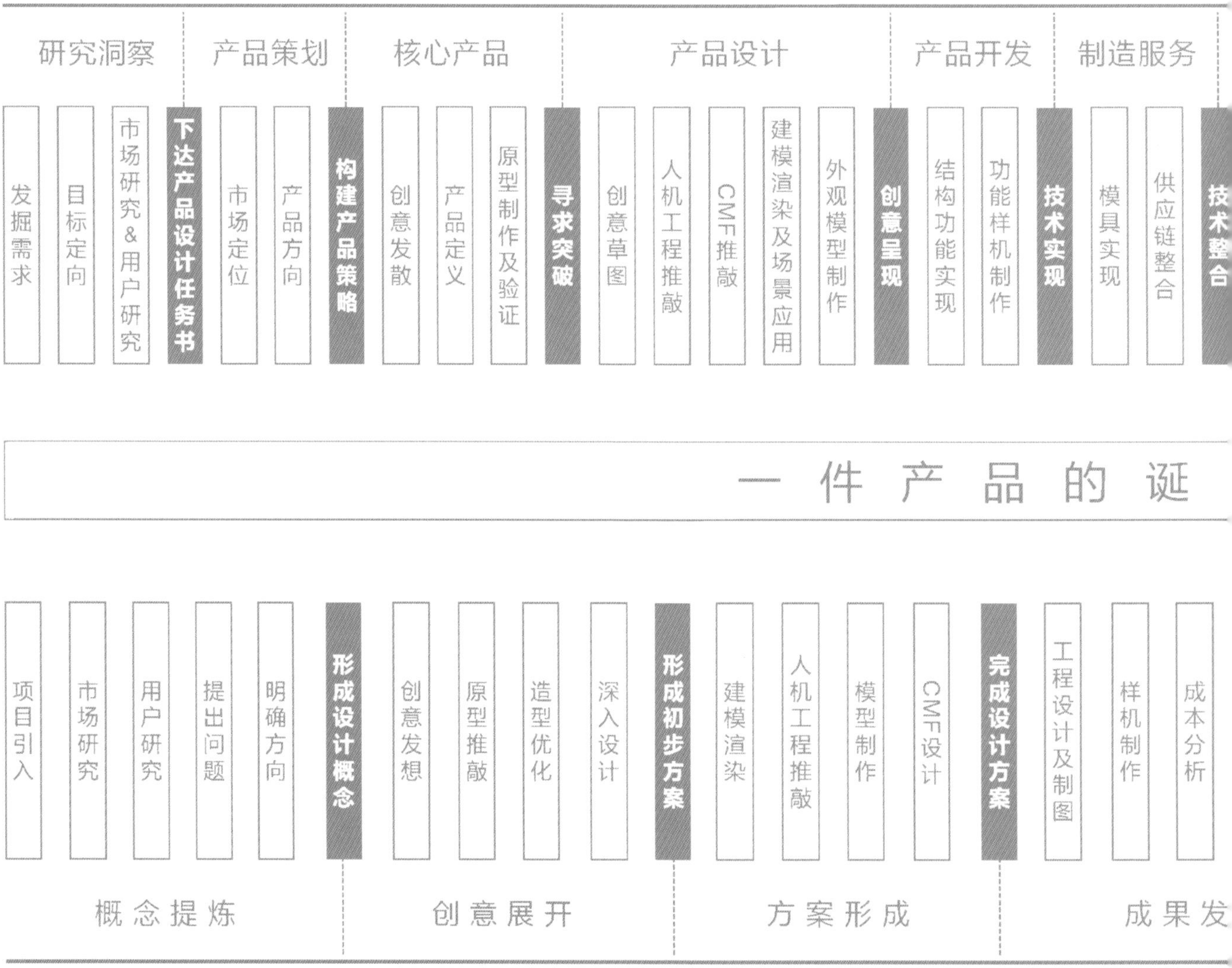

研究洞察　产品策划　核心产品　　产品设计　　产品开发　制造服务

研究洞察			产品策划		核心产品			产品设计				产品开发		制造服务	
发掘需求	目标定向	市场研究&用户研究	**下达产品设计任务书**	市场定位	产品方向	**构建产品策略**	创意发散	产品定义	原型制作及验证	**寻求突破**	创意草图	人机工程推敲	CMF推敲	建模渲染及场景应用	外观模型制作	**创意呈现**	结构功能实现	功能样机制作	**技术实现**	模具实现	供应链整合	**技术整合**

一 件 产 品 的 诞

| 项目引入 | 市场研究 | 用户研究 | 提出问题 | 明确方向 | **形成设计概念** | 创意发想 | 原型推敲 | 造型优化 | 深入设计 | **形成初步方案** | 建模渲染 | 人机工程推敲 | 模型制作 | CMF设计 | **完成设计方案** | 工程设计及制图 | 样机制作 | 成本分析 |

概念提炼　　　创意展开　　　方案形成　　　成果发

广轻工"工学商一体化"项目制教学中运行的产品设计程序

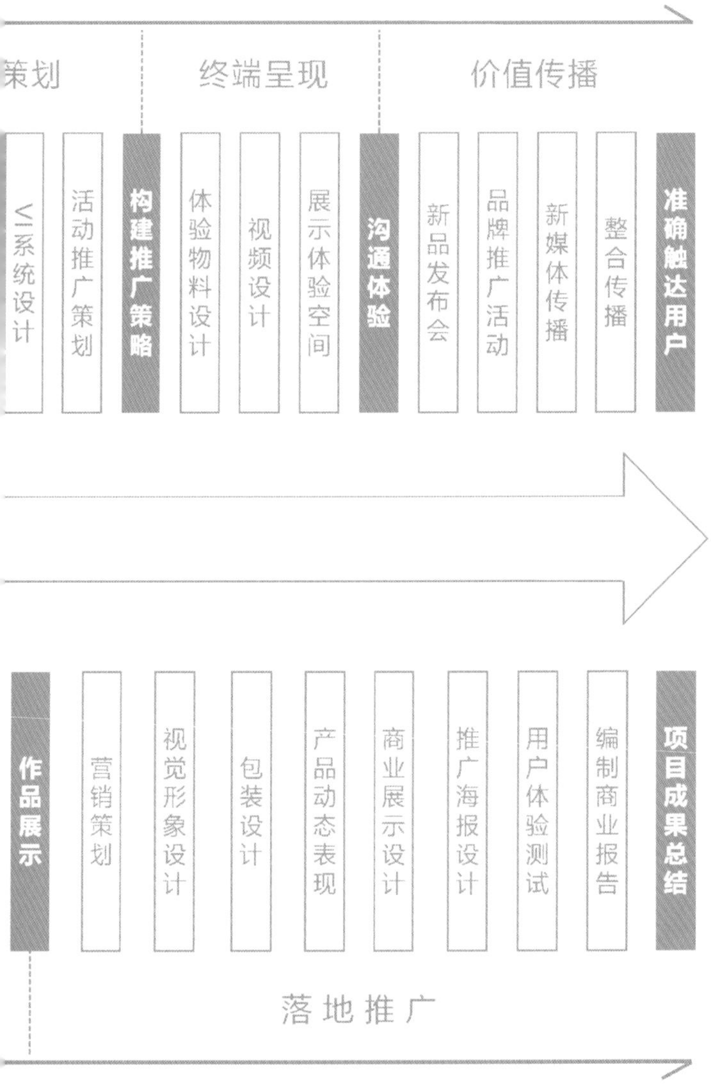

策划　　　终端呈现　　　价值传播

VI系统设计 | 活动推广策划 | **构建推广策略** | 体验物料设计 | 视频设计 | 展示体验空间 | **沟通体验** | 新品发布会 | 品牌推广活动 | 新媒体传播 | 整合传播 | **准确触达用户**

作品展示 | 营销策划 | 视觉形象设计 | 包装设计 | 产品动态表现 | 商业展示设计 | 推广海报设计 | 用户体验测试 | 编制商业报告 | **项目成果总结**

落 地 推 广

四、教学思维

科学合理的教学设计，让教学过程循序渐进地展开是取得良好教学效果的关键。"准设计师孵化营"结合企业真实项目，依照东方麦田的全价值链设计创新"九步"作业流程，让学生从客户接洽—研究洞察—产品策划—产品设计—制造服务—推广策划到价值传播全程参与，覆盖产品设计全链条的教学设计突破了单一设计师岗位的技术技能要求，更有利于对学生的大设计意识和系统性设计能力的培养。这种系统的人才孵化培养模式与广轻工"工学商

一体化"项目制课程运行的"五步设计程序"总体设计思路异曲同工，而在部分具体的操作步骤上东方麦田与产业链的对接更为完整，划分更为细化，尤其是在产品设计的前期定位、后期生产与推广方面做得非常扎实，更能体现出企业自身的竞争力和经营特色。以下为东方麦田的设计程序和广轻工"工学商一体化"项目课程设计程序的对照图表，从图中可以看出两者之间的共同点与差异。

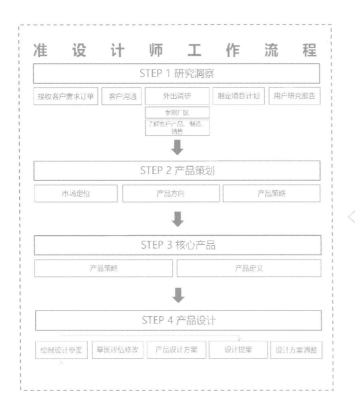

准 设 计 师 工 作 流 程

STEP 1 研究洞察

| 接收客户需求订单 | 客户沟通 | 外出调研 | 制定项目计划 | 用户研究报告 |

| 参观厂区 |
| 了解客户产品、制造、销售 |

STEP 2 产品策划

| 市场定位 | 产品方向 | 产品策略 |

STEP 3 核心产品

| 产品策略 | 产品定义 |

STEP 4 产品设计

| 绘制设计草图 | 草图评估修改 | 产品设计方案 | 设计提案 | 设计方案调整 |

孵 化 营 课 程 安 排

LESSON 1 准确获取甲方需求
LESSON 2 用户痛点挖掘

LESSON 3 产品策略构建

LESSON 4 产品定义

LESSON 5 产品形态的灵感与推敲
LESSON 6 CMF在产品创新中的应用
LESSON 7 如何让设计表达更有效

本次孵化营的项目教学由校企双方组成的"三导师"教学
创新团队负责教学指导，支撑完整项目所需的教学内容，
共分为 13 个单元，课程的安排顺序与东方麦田全价值链
设计创新程序的9大步骤紧密对应，其对应关系如下图所示。

"三导师"教学创新团队形成了新的训练课程模式，特点是：

1. 专业的互补优势

2. 分工与配合合理

3. "一条龙"高效解决问题

4. 头脑风暴的互助启示作用

桂元龙　教育部职业院校艺术设计类专业教学指导委员会副秘书长、产品设计专业委员会主任委员、全国轻工职业教育教学指导委员会轻工艺术设计专业委员会秘书长、广东省高职教育艺术设计类专业教学指导委员会主任委员，广东轻工职业技术学院艺术设计学院院长、教授、高级工业设计师。主持中国特色高水平产品艺术设计专业群、国家级精品（资源）共享课程《产品设计》、国家职业教育产品艺术设计专业教学标准制定、国家职业教育广告设计与制作专业教学资源库建设等多个项目。获得"新中国成立 70 周年　广东设计 70 人""广东省十大工业设计师"等荣誉。

伏　波　副教授，高级工业设计师，硕士生导师。广轻工艺术设计学院副院长。先后主持"国家职业教育产品艺术设计专业教学标准制定"等国家级项目1项、国家级子项目2项；主编出版"十二五"国家规划教材《设计创意思维》等共3本，著作1本。指导学生获得德国 IF概念奖、德国红点设计概念奖等国内外奖项200余项。

廖乃徽　副教授，广轻工产品艺术设计教研室主任，广州青白艺术品发展有限公司产品设计总监。主持省级科研教改项目4项；获得专利授权27项。先后获得全国工业设计职业技能大赛"陶瓷产品设计师赛项（职工组）"广东省选拔赛第一名，指导学生获得"第九届全国高校数字艺术设计大赛"等21项奖项。

杨　淳　教授，高级工业设计师。广轻工艺术设计学院专业群负责人。获得专利授权75项；主编出版《产品设计第二版》《产品形态设计》、"十三五"国家规划教材《产品项目设计》共5本。指导学生获得IF概念奖、第八届全国数字艺术大赛等省级以上奖项49项。

罗冠章　工艺美术师，广轻工艺术设计学院教师。参研2014年广东省高等教育教学改革项目"产品设计专业 SGS校内外联动实践教学体系创新"。参研项目曾获"2019年广东省教育教学成果奖"二等奖。

周唯为　广轻工艺术设计学院教师。获得实用新型专利授权1项，发表论文5篇，指导学生作品获奖4件。

刘诗锋 东方麦田创始人、董事长兼设计总监，正高级工业设计师，中国服务设计发展研究中心战略咨询委员会委员，中国十佳工业设计师。2003年所创办广东东方麦田工业设计股份公司，是中国最具规模和专业性的设计创新机构之一，国家级工业设计中心、国家高新技术企业。

张庆图 东方麦田用户体验总监，荣获"光华龙腾奖广东省设计业十大杰出青年"，曾获多项 IF 奖、红点奖，服务于西门子、博世、飞利浦、OPPO、美的、海尔等知名企业。

林栋联 东方麦田研发设计总监，资深工业设计师，设计作品曾获IF、省长杯等国内外设计大奖。

梁嘉豪 中国厨卫行业产品分析师，国家三级营销师，单品策划连续3年进入国内厨卫行业零售百强榜，10年以上行业实践经验，曾为20+知名厨卫品牌提供产品咨询服务。

许国栋 东方麦田合伙人，设计服务中心总经理，全价值链设计创新服务构建者，15年以上行业实践经验，曾为上百家企业积累了输出全价值链设计创新服务。

赵 坤 东方麦田工业设计总监，12年以上设计与设计管理工作经验，在家用电器、智能装备产品等领域积累了丰富的产品设计策划与实操案例。

项振宇 东方麦田广告事业部负责人，10年以上营销工作经验，曾任SKG品牌营销负责人，主持SKG颈部爆款产品推广策略，将颈部按摩器打造为现象级爆款、品类第一品牌。

麦智文 东方麦田项目经理，中级工业设计师，12年以上产品设计从业经验。

李 鲁 互联网智能硬件和创新产品专家，东方麦田研发与产品公司总经理，资深工业设计师，曾师从中国工业设计创始人柳冠中先生，拥有10年以上设计经验，上市产品百余款，获十余项国内外权威设计奖项。

梁志健 东方麦田教育娱乐专项产品总监，国家三级心理咨询师，7年以上产品设计、产品研发工作经验。

梁智坚 东方麦田厨卫专项产品总监，中国厨卫行业产品分析师，15年以上产品策划、设计实践，为30+行业头部企业提供设计咨询服务。荣获"光华龙腾奖广东省设计业十大杰出青年"，获多项国内外权威设计奖项。

（A代表实训导师）

1 作为孵化营项目教学的导师方，你们最希望能为学员做哪些方面的赋能？

A > 作为老师，希望孵化营项目能够为学生提供全链路、多层次、宽领域的产品设计程序与方法知识、实操能力及职业素养的培养，让他们在学院式的学习思维向准设计师思维的过渡和转变中快速成长，从而更好地把所学的专业技能应用到今后的设计师职业生涯，实现全方位的设计赋能。

2 校企双方组建的"三导师"教学创新团队解决了教学中的哪些实际问题？学员在实训前后有哪些明显的对比与提升？

A > "三导师"教学创新团队能全方位解决学生们的问题。像企业导师的侧重点在于弥补同学们在商业设计过程中的一些不足，培养他们的设计创新和逻辑思维；技术导师解决了实际生产过程中很多技术层面的细节问题；而学校的专业导师，会和同学们一起生活和工作，全程跟进项目进度和学生的学习状态，及时答疑解惑、查漏补缺，以及帮助学生解决一些生活方面的问题。

经过实训后，同学们除了在设计创意思维、设计呈现方式等专业能力上取得了显著的进步以外，也算是经历了一次走向社会历练的"实战"。他们经过这段时间与企业导师、同事、甲方等对象的磨合，在学习态度和为人处事方面都大有改进，态度变得谦逊了，待人接物也更有礼貌了，也理解了学校培养教学上的不易。

3 体验过孵化营项目教学模式的学员步入社会后，在人才孵化与培养方面有哪些质的改变与职业发展的突破？

A > 孵化营实训注重的是作为设计师综合能力的培养，让学生不仅能完成自己的岗位职责，更能考虑到设计过程前后链条的制约。实训学员们在步入社会后，专业能力这一块是肯定没问题的，更重要的是他们能基本了解作为设计师的综合素质：有用户意识，具备良好的企业内部协调和互动的能力，能考虑到产品生命周期的整个链条的配合……这些学员在自己的设计师生涯中的专业发展会越来越好。

4 学员在实训中从校园走向企业工作氛围、商业的大环境，让你们感觉到他们最大的改变和突破是什么？你认为哪门课程让他们受益最大？

A > 其实同学们在学校里对老师的依赖性还是蛮大的，在学校的课程项目里老师会一步步去引导并给予多方面的建议，同学们就不会体验到紧迫感和压力；在孵化营学习的目的就是让他们快速转变身份，迅速地成长并学会独立。这种身份的转变一开始他们是很不适应的，企业的工作模式和节奏让他们倍感压力，但经过克服之后他们的成长也是飞速的。他们会主动跟企业同事多交流、多学习，主动加班，以弥补自己的不足，这种在学校很少表现出来的主观能动性令老师都很惊喜，看来真实的工作环境和氛围能促使他们迅速成长。因此从同学们在孵化营的表现和设计成果的完成度来看，并不比企业的设计师逊色。

同学们对于过程中的每个节点都感到收获良多，印象最深刻的还是平时接触比较少的环节，比如说在跟甲方沟通的课程中从模拟到最后面对真实的甲方，还有到生产制造课程环节去现场学习，与一线生产管理者面对面交流，学习材料工艺、手板制作、模具、注塑、钣金加工、产品组装、成本核定、性能测试等知识，一边学习一边调整设计方案，亲身感受产品落地的全过程。

5 项目教学内容的13个单元可以说是设计的全流程体验，在教学方法上，包括教学进阶的设置，你们是如何进行不同方面的补充与协调？针对个体的教学实验是否达到了最初的预期效果？

A > 在孵化营整个设计全流程的教学中，"三导师"团队是各司其职，互相协调。基于学员项目落地的需要，在技术导师的指导下，为实现教学目标到生产制造现场，让学员学习材料工艺、手板制作、模具等知识，学习和调整设计方案，让设计不再停留在设计概念、效果图环节，而是一步一步落地，成为一个真实可使用的产品。

6 孵化营项目教学补充了职业教育的哪些短板？课程的导入对于学员是否有不适应，对他们今后的职业成长轨迹有哪些影响？

A > 职业教育面临的主要问题是人才培养与市场需求脱节，毕业生们就算具备优秀潜质也不能快速满足岗位的能力要求。原因是在学校教学中，校内训练无法提供真实的企业环境和项目，学生只能在模拟工艺和要求下做项目，职业素养和专业技能训练不到位，导致毕业后工作时很难胜任实际岗位要求。孵化营项目教学具备真实的企业工作环境、优质的企业项目，加上"三导师"团队的配合，让学员们直面企业的产品运营管理人员，直面用户需求、市场竞争和企业运营需求，与在职设计师团队并行执行设计任务，还去到工厂参观学习，参与项目的制作生产落地，整个过程对学员们的能力提升都是有明显实际成效的。这

种教学模式在一定程度上解决了职业教育人才培养与市场需求脱节的问题。

实训的课程导入科学合理，通过设计流程一步步递进，在"三导师"团队的配合下学员们能很快适应，在师生的朝夕相处中，学员们都很感恩有机会参与孵化营实训学习的经历，对于产品设计行业和自身的职业规划有了更清晰的认知，也能进一步坚定扎根在设计行业的信念。

7 "三导师"的教学介入，最大的优势和特点体现在哪些方面？学员从项目里获取的知识与实践经验如何实现教学的有效转化？

A＞"三导师"可以说是一个功能全面的教学团队，在教学过程中，导师各司其职，可弥补各方的专业短板。校内专任教师能及时地查漏补缺，并对学生们进行针对性的方案辅导；企业项目导师市场经验丰富，负责把控市场需求以及对设计方案提出优化建议，一定程度弥补了校内教师在产业经验上的不足；每一位技术指导老师经验丰富且专业扎实，为学员们提供了不同环节的技术支持以及产品落地生产的指导。导师团队可全方位地为学员们保驾护航，让他们能很快进入设计状态并顺利完成项目提案。

8 孵化营实训中教学模式的难点主要在哪些方面？

A＞学员们一开始还不太适应企业工作的模式和节奏，有个别小组的项目设计不够完善，影响了整体进度。像第三组零食小组，需要策划关于办公零食的产品线并完成设计，学员们在设计的逻辑思维方面还不太成熟，所以在产品策划和定义阶段纠结了一段时间。在老师们的指导下，大家通过头脑风暴、焦点小组、用户访谈等方法找准了产品方向，问题就迎刃而解了，最后还拿到了最佳小组奖。

9 实训过程中让老师最印象深刻的事情是什么？学员有哪些比较突出的表现？

A＞实训中的周末集体加班、实地调研、参观工厂这些经历都让我作为实训老师印象尤为深刻，特别是与甲方沟通时，整个项目过程需要学员跟甲方沟通三四次，从第一次他们紧张不安的表现到最后面应对甲方游刃有余的状态，让我不禁感叹：同学们的成长就像坐火箭一样！

总之，大家在这次孵化营的表现都是可圈可点的，各项目的侧重点不一样，比较突出的是整体设计思维的提升吧。他们以往做设计通常是依靠个人的主观意识和审美，这次在孵化营接触商业设计项目，对产品的思考不再是单一维度了，大家学会了通过科学合理的调研方法来定位产品方向，提出的方案也得到了企业导师的认可，对生产制造和工艺材料也慢慢熟悉了，对产品的生产落地过程也更加清楚。

10 在东方麦田的学习氛围能提供给学员哪些有效的帮助？企业的设计师和交流对学员的实训效果产生了哪些引导和影响？

A＞东方麦田的企业环境就极具艺术氛围，设计师们对待设计的态度都很专注，所以这样的学习氛围能让学生们沉下心来认真地去做项目。每位设计师都具备过硬的专业知识且很愿意分享，他们为学员们提供了很多有价值的设计经验和建议，可以说强有力地带动了学员们开发和完成设计项目。很难得的是设计师们给学员们分享了很多宝贵的业内资讯，帮助他们能更好地了解和把握行业动态，提高设计竞争力。

11 参加实训的导师在指导与教学过程中会碰到哪些实际问题？

A > 刚进入孵化营时，学员面对企业快节奏的工作氛围以及企业导师严格的要求可能会有点泄气，作为学校导师需要及时进行心理疏导和鼓励，学员进入实训状态后就集中加强设计逻辑思维方面的训练。他们在进行前期的调研、策划以及产品定位时，往往会比较混乱，需要导师的及时指导和协助。在最后的方案调整阶段，学员对于一些实际生产比较缺乏经验，比如结构、材料、工艺方面等细节问题，这就需要技术导师进行答疑解惑。

12 工业设计的准设计师行业与价值标准，在实训教学中是否有所体现？这些对学员的从业道路与职业规划是否起到了引导作用？

A > 工业设计师的行业与价值标准包括扎实的专业技术知识、高效的实践能力和成熟的职业素养等，这些都在实训教学中有所体现。比如在企业工作环境中，通过小组合作以及跟企业设计师的沟通交流，逐渐地提升了同学们在团队协作、沟通表达和工作协调等方面的职业素养。在整个项目过程中，经过"三导师"的严格训练，可对项目中涉及的各类专业知识和技能反复学习和实操。所以说实训教学中所涉及的方方面面都与工业设计师的行业与价值标准

相契合。学员们实训时体验的这些"苦"，对其自身职业规划是很有帮助的，前辈们的指导可以让他们少走弯路，能迅速进入设计师的角色。

13 孵化营实训教学的推广价值和教学意义主要集中在哪些方面？

A > 当下职业教育教学存在的主要问题是模拟的项目和工作环境无法满足毕业生所需的就业岗位技能要求，加强产教融合、开展校企合作的创新教学模式成为当务之急。孵化营将真实项目引进课堂，遵循商业规范与要求进行教学设计，依照全产业链做完整的项目设计，以及由设计导师、技术导师和商业导师组成的"三导师"团队进行全作业流程的针对性辅导，这一系列的教学模式可以提高企业的人才需求，与高校人才培养模式进行无缝对接，同时可加强专业建设，丰富教师实践经验，提升教学质量，培养学生的实践能力和职业适应能力。

（T1、T2代表专业导师）

1 孵化营项目教学作为导师方的你们最希望能为学员增强哪些方面的赋能？

T1 > 作为导师，我希望全程辅导学员执行整个项目，在重要的节点补充相关理论知识，如用户研究分析模型等，让学员的专业学习可以更深入。

T2 > 希望能够为学员提供真实项目的实战机会，让他们在"三导师"的指导下体验并完成与学校课程不一样的实际设计工作，从中汲取经验，为成为一名真正的设计师打好基础。

2 校企双方组成的"三导师"教学创新团队的组建解决了教学中哪些实际问题？学员实训后有哪些明显的对比与提升？

T1 > "三导师"教学创新团队的组建在一定程度上弥补了教学过程中学生专业能力训练不足的缺陷，学员通过项目实训，对设计的全产业链有更多的接触和了解，商业实战能力有明显的提升。

T2 > 很多问题得到了解决，比如有些学校的课程实训环节因为条件限制，都是采取学生小组自选题目或者教师拟定题目、虚拟题目的非真实设计的方式，课程最终实现的效果因缺乏真实甲方的反馈而得不到验证，项目进程也没有清晰的时间规划和进度管理。现在组建"三导师"团队就很好地解决了这个问题，导师们各司其职，学生能更清晰地理解各个导师的要求，项目进程和最终设计的质量也更有保障。

3 孵化营项目教学模式对学员在步入社会后的发展道路上有哪些质的改变和突破？

T1 > 孵化营项目教学模式相当于搭起了一座校园学生向商业设计师蜕变的桥梁，不仅能提升学生的设计实战技能，更让学生深入了解设计如何为商业赋能。这对他们的成长非常有价值，为他们走向社会，成为优秀的设计人才打下了扎实的基础。

T2 > 孵化营学员走上自己的职业道路之后，首先就比没有体验过孵化营项目的学生多了一次完整的实战经验；其次项目学员在与工程结构团队、市场运营团队的沟通会更加顺畅，对设计项目工作的流程和任务的理解会更加透彻，工作实施也会更加得心应手。

4 从校园走向企业的工作氛围，学员在实训中让你们感觉最大的改变和突破是什么？他们从课程中受益最多的是哪些课程？

T1 > 学员通过实训对商业设计的本质理解更加深入，能够真正沉淀下来去了解用户、深耕用户，进行全方位的权衡和制定产品策略。我认为他们受益最大的课程是用户研究和产品定义课程。

T2 > 学员最大的改变可能是在实训中个人身份角色的转换所带来的认同感。从学生、实训学员再转换到设计师的角色,所感受到的责任感和最终收获的成就感,都会大有不同。一开始他们或许倍感压力,但随着实训的推进,他们在专业上更为驾轻就熟。而每门课程给学员带来的启发和收获也是因人而异的。

5 项目教学内容的13个单元可以说是设计的全流程体验,在教学方法上,"三导师"是如何相互配合的?针对个体的教学实验是否达到了最初的预期效果?

T1 > 在整个实训过程中,我们校方导师与企业导师相辅相成、互为补充。企业导师结合具体案例传授商业实战经验,校方导师则进一步分析、提炼当中的知识要点,并补充相关的理论知识,让学生能更好地理解和吸收。此外,在项目执行的关键节点上,我们会辅助学生梳理思路,找准产品设计的方向。

T2 > "三导师"在目标一致的前提下发挥各自的专长,为学生提供指导,并定期沟通项目进度和团队的工作情况,以保证实训项目阶段性目标的实现,从而顺利完成最终的产品设计。

6 孵化营项目教学模式补充了职业教育哪些方面的短板? 学生是否有不适应?

T1 > 对职业教育产教融合不足、学生专业实践能力不足等方面,孵化营的教学模式都有所补充和加强。在实训之初,学员可能会觉得挑战较大,但当他们逐渐适应了商业设计的节奏后,其逻辑思维能力和设计能力都有了快速的提升。从长远来看,孵化营对学员个人的职业成长有着重要的意义。

T2 > 职业教育非常需要产教融合的实训,孵化营在这方面以"真题实做"的方式开展设计实训,能弥补职业教育实训方面的不足。与校内教学相比,孵化营对项目最终的商品化和商业价值有更严苛的要求,这能让学生从脱离实际的"我认为、我觉得",进入到有理可依的"市场数据证明、用户研究表明"。设计不是艺术表达,它是有服务对象的。这个服务对象是用户,是消费者,是大众。

7 "三导师"的教学介入,其最大优势和最鲜明特点体现在哪些方面? 学员从项目里获取的知识与实践经验,如何转化到实际的教学中?

T1 > "三导师"教学的最大优点集合了理论、技术和商业实践三方面的专业知识和经验,能为学员提供全面的指导。校方导师能够为学生提供设计知识和理论支持,技术导师为学生提供工程技术支持,企业导师为学生提供商业经验的支持。校方导师会对学生在实训中收获的实战经验和知识进行总结提炼，用于优化教学模式、教学方法、教学内容，从而达成教学相长的良好循环。

T2 > 优势在于"三导师"能在理论知识、设计技能和项目把控能力这三方面，给学员更全面、实用的指引。学员的能力得到加强和提升，最终的设计成果也更经得起来自市场的考验。

8 孵化营这种操作模式的主要难点是什么？

T2 > 孵化营模式实现的最大难点，我认为，应该是难以在大范围的大班级教学中普遍实施。

9 实训过程中让老师印象最深的事情是什么？学员的表现比较突出的集中在哪些方面？

T1 > 让我印象最深的是学员们的团队协作能力。当他们面对客户提出的疑问和意见时，不断寻找解决方法，合力扭转劣势局面，最终完成一个让客户满意的设计方案。

T2 > 学生的学习态度变得比在学校课堂上更为积极，思考问题也更深入而全面，从一开始的陌生拘谨到最后师生打成一片，这些都让我印象深刻。能看到他们从学生到准设计师的起步和成长，也能看到一个设计小团队的成长。

10 孵化营实训举办了10届，每一届的教学形式、课程安排是否会有所调整？

T2 > 据我了解，每一届都会有所不同。之前的学生也有参加过往届的孵化营，学员都是经过层层面试筛选出来的，在东方麦田组成孵化营团队继而展开实战。教学课程安排的大框架甚少变化，但每个小模块都会有细微的调整，因应市场变化而加入新的知识点。

11 在东方麦田的学习氛围能给到学生哪些帮助？企业设计师和学员的交流，为实训的效果带来了怎样的影响？

T1 > 以往，学生不太重视设计洞察与调研，认为设计技能比调研更重要，做的用户研究和市场调研大多流于表面。在东方麦田接触了真实的商业设计项目后，才发现原来在完整的设计产业链中，设计手绘和三维表达课程周期很短，大部分时间都在深入研究用户和市场。这样，他们对于设计策略研究的兴趣才能被激发出来，沉下来去作深入研究。

T2 > 首先，在东方麦田的学习氛围更接近于真实工作的氛围。每个团队都有明确的任务，任务成为了团队每日奋战的目标。学员学会规划时间，工作内容变得细致有序，效率也会高。

一开始学员们会表达 上比较害羞，不敢向企业的设计师们请教。学校导师就经常鼓励他们"你们要不去试试问问隔壁的企业设计师们，看看他们平时遇到这个情况怎么做的，取取经嘛，两个人一起去壮胆……"慢慢地他们就变得大胆些了，和企业设计师也熟络了起来，甚至会主动邀请他们在工作之外的闲暇时间到学校来讨论。企业设计师的经验也是孵化营学员专业学习的"参考书"。

12 孵化营实训教学与实际应用之间的差距有多大？孵化营可以怎样加以完善？

T1 > 因孵化营实训的时间有限，学生的商业实战能力还不够成熟，在实训教学中，学员的项目成果离真正的产品商业价值还有一定的距离。如果孵化营能够设置不同商业周期的设计项目，或能更全面地加深学生对商业设计的理解，如同步设置一个新品开发的项目和一个成熟产品的迭代完善项目。

T2 > 实际应用对产品设计的产品化、商品化有着更严苛的要求。在孵化营这样短的时间内，这个转化的过程比较难达到较为完美的效果。

13 工业设计的准设计师行业与价值标准在实训教学中是否会有所体现？这些对学员的从业道路与职业规划是否起到了引导作用？

T1 > 在孵化营中，东方麦田创始人刘诗锋和企业设计师都会为学员分享工业设计师的前景、成长路径和发展方向，为学员们个人的职业成长道路提供多方面的参考意见。

T2 > 行业与价值标准，这在校内课程和孵化营实训中都有明确的体现。教师、企业导师在理论和实训课程中都会向学生讲授。这种引导是一个循序渐进的过程。

14 孵化营实训教学为什么具有向校园推广的价值？其教学意义主要体现在哪些方面？

T1 > 孵化营实训教学让学生在设计公司环境里学习，通过真实项目，搭建起学生向设计师蜕变的桥梁，是极具特色的产教融合实践案例。

T2 > 孵化营实训打破了传统课堂的形式，让学生有机会在真实的企业环境中开展设计工作，这种实训亦较校内课堂授课更有明显成效。"三导师"教学能带给学员更多角度的指导，也让学员的能力在不同方面得到了锻炼和提高。

1. 干衣胶囊小组

2. 巡检机器人小组

3. 良品铺子小组

准设计师孵化营实训课案

本次"准设计师孵化营"的实战项目，经过校企双方的反复商议，结合企业的实际业务开展情况，最终确定东方麦田公司自主开发的干衣胶囊设计、南方电网的巡检机器人设计，以及良品铺子的 IP 零食设计这三个项目入选。12名学生每4人一组分成3个项目小组，由组长抽签决定各小组的项目内容，以项目小组为单位开展"准设计师孵化营"的实战训练工作。

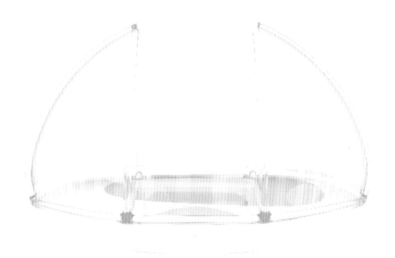

 # 课案 1　干衣胶囊

小组成员：企业指导 / 林栋联　教师指导 / 桂元龙　罗冠章　学生组员 / 欧泽成　孔达梓　王丹纯　郭子清

课案要义 >

概念产品实体化项目。提出小型干衣机设计概念，分析用户群体及需求，做完整的设计调研和产品定义。

产品主要特征是小型便携，主要功能为干衣。

需要提出新的便携创意、设计使用流程，以满足用户需求，突出产品创意点和卖点，强化用户体验与产品亲和力。

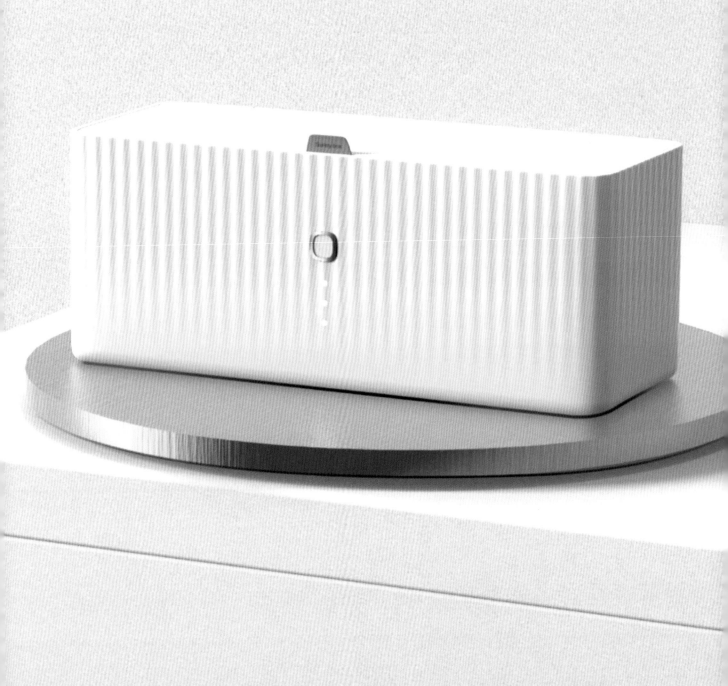

教学目标

1. 设计开发一款满足出差、外出旅行等使用场景需求，具有快速干衣功能的小型干衣产品。

2. 具备小型便捷的产品特点，拓展不仅限于出行的使用场景。

教学要求

1. 师资要求：具备企业项目导师及设计师团队作为实战经验支持；校内专业老师全程跟进，进行设计理论和技能指导；同时还配备技术指导老师，负责为学生提供不同模块的技术支持以及产品落地生产的相关指导。

2. 场地要求：以设计公司作为设计实训场地；前往高新技术产业园、模具厂、工厂、线下市场等考察调研，满足不同设计节点的技术需求。

项目实施

1. 组员全面评测
2. 设置工作日程计划
3. 分工协作

设	研究洞察	发掘需求	产品开发	**创意呈现**
		目标定向		结构功能实现
		市场研究&用户研究		功能样机制作
	产品策划	**下达产品设计任务书**	制造服务	**技术实现**
计		市场定位		模具实现
		产品方向		**技术整合**
		构建产品策略	推广策划	品牌策划
	核心产品	创意发散		推广物料设计
节		产品定义		**构建推广策略**
		原型制作及验证	终端呈现	视频设计
		寻求突破		展示体验空间
	产品设计	创意草图	价值传播	**沟通体验**
点		人机工程推敲		品牌推广活动
		CMF推敲		新媒体传播
		建模渲染及场景应用		整合传播
		外观模型制作		**准确触达用户**

STEP 1
研究洞察

研究洞察是产品设计的市场调研、进行多元设计前端分析的阶段。学生在这一阶段要全面调研市面上现有干衣类产品的特征、结构、功能、生产原理与技术，同时发掘用户需求，深入了解出行及家用的使用场景与干衣流程等，从而获取第一手设计调研数据与资料。在采集信息的过程中学会发现与思考问题、掌握分析与解决问题的逻辑思辨能力，准确判断市场行情，把握行业发展趋势，洞察用户的真实需求。

概念提炼

在产品设计市场调研、进行多元设计前端分析的阶段，学生需全面重点考察产品的特征、结构、功能、生产原理与技术，包括市场需求、使用场景与流程等，在第一手采集的设计调研数据与资料基础上，学会发现与思考问题，掌握逻辑性地分析、综合与解决问题的能力，找寻设计的切入口。导师给予小组成员清晰的工作方法指导，如何利用分类数据得出结论，从而推导提炼出具有价值的设计概念，是本环节实训的主要内容。

课程重点

干衣胶囊作为生活实用型电器，此次实训课程需要在第一代产品的基础上，利用造型与功能的巧妙合一性来实现改良升级，突显该产品的设计亮点，是本课案教学的主要目标。

◤ 市场调研 / 维度分析

◤ 教学观察　　主要从8个维度对市场同类产品进行分析：
　　　　　　　　1. 产品架构　2. 烘干时间　3. 附加功能　4. 配件数量
　　　　　　　　5. 组装步骤　6. 收纳功能　7. 有效烘干容积　8. 设计增值

市场上的各式干衣机有折叠式、挂墙式、落地式、衣架式等

◤ 技术原理

充分了解产品的技术原理，推敲技术问题，发现各款不同产品功能上的不足与
改进之处，以找到市场可能的空缺板块。

◤ 教学观察

学生项目组在这个阶段对市面上现有烘干产品进行资料收集、分类，并展开结
构和技术原理分析，比对各类产品的工作时间、烘干容积、组装步骤，以及总结
出产品的优、缺点等。

产品设计前期阶段，对市场现有竞品或有相关功能的产品调研尤为重要。调研
时一般需要考虑用户群有哪些、用户是如何使用的、使用过程中满足了用户哪
些需求等。其次，还要研究各方面功能的使用情况。主要功能实现的程度、不常
被使用的附加功能及添加该附加功能的必要性等。

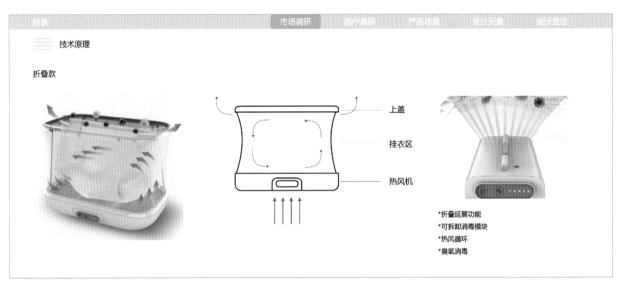

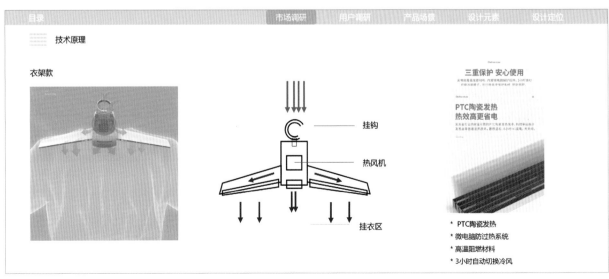

技术原理

挂墙款

双向对流立体循环设计
袖口等难干位置可彻底烘干

双向对流设计，热流快捷来满替个干衣环境，热量更集中，烘干更高效，袖口、领壳等难干位置，也能彻底烘干，三件衬衣，90分钟*烘干，随时想随时穿。

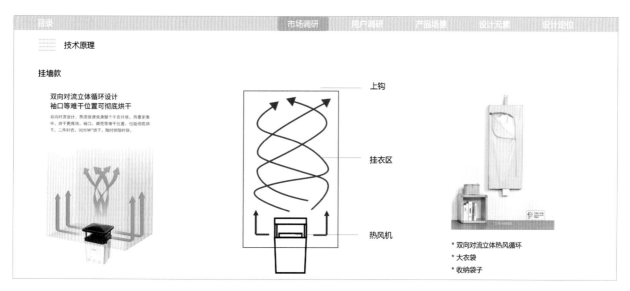

上钩

挂衣区

热风机

* 双向对流立体热风循环
* 大衣袋
* 收纳袋子

技术原理

落地款

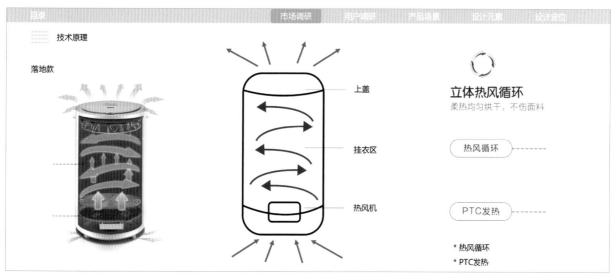

上盖

挂衣区

热风机

立体热风循环
柔热均匀烘干，不伤面料

热风循环

PTC发热

* 热风循环
* PTC发热

技术原理

盒子款

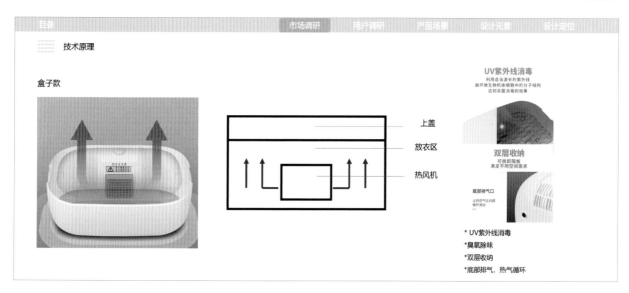

上盖

放衣区

热风机

UV紫外线消毒
利用适当波长的紫外线
破坏微生物机体细胞中的分子结构
达到杀菌消毒的效果

双层收纳
可拆卸隔板
满足不同空间需求

底部排气口
让热空气在内部循环流动

* UV紫外线消毒
* 臭氧除味
* 双层收纳
* 底部排气，热气循环

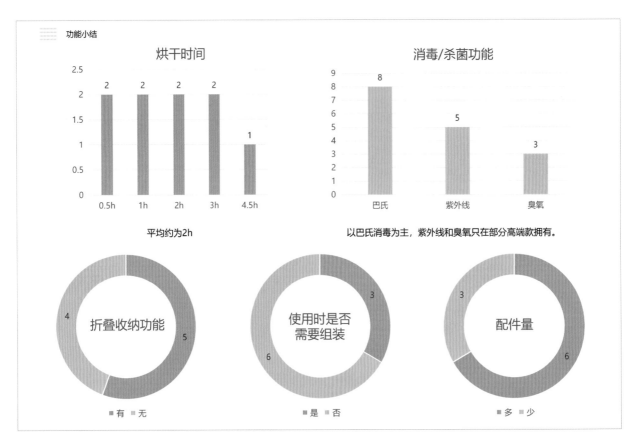

功能小结

烘干时间

消毒/杀菌功能

平均约为2h

以巴氏消毒为主，紫外线和臭氧只在部分高端款拥有。

折叠收纳功能

■有 ■无

使用时是否
需要组装

■是 ■否

配件量

■多 ■少

※ h 为小时

功能小结

逐渐理清功能的症结与产品开发的基本方向，通过数据的对比，得出方案的升级与设计策略。

教学观察

总结市场现有烘干产品主要为居家款和便携款。分析两款不同产品的更新迭代脉络，寻找市场空缺，定位"开发兼顾家用和出行两个场景的烘干产品"的设计方向。

调研阶段收集资料的工作其实不是最关键的，关键在于收集了大量的资料后，设计师如何对资料进行解读、整理、分类和分析。只有经过深入透彻的解读分析，才有可能发掘出产品的设计创意点和市场可能性。

竞品分析汇总表

	A	B	C	D	E	F	G	H	I
产品架构	下出风	下出风	下出风	下出风	下出风	下出风	下出风	上出风	上出风
烘干时间	3h	2h	3h	1h	4.5h	0.5h	2h	1h	0.5h
附加功能	巴氏	巴氏、紫外线	巴氏、紫外线	巴氏、紫外线、臭氧	巴氏、紫外线	巴氏、紫外线、臭氧	巴氏	巴氏	巴氏
配件数量	0	0	0	0	0	0	4	4	1
组装步骤									
收纳功能	无	无	无	无	有	有	有	有	有
有效烘干容积	一套内衣裤	一套内衣裤	一套内衣裤	一套内衣裤	一套内衣裤	一套内衣裤	三件衣物	一件贴身衣服	一件内衣裤
外观特点	盒子款	盒子款	盒子款	落地款	折叠款	折叠款	吊挂式	吊挂式	吊挂式
图片									
特点	1.差别不大 2.重量和消毒功能有区别 3.都适合外带使用	1.盒类竞品重量最轻 2.声音最小		1.可拆香薰盒 2.密封空间、热风循环、干衣速度快 3.机器自洁 4.相对其他家用干衣机体积小	1.可折叠，折叠后高度仅为5cm 2.颜色可爱 3.可添加喜欢的精油，增加衣服的香薰味	1.可折叠，折叠后高度仅为5cm 2.颜色可爱 3.烘干速度最快	1.可收纳 2.手机APP控制干衣时时长 3.一次干衣数量最多 4.需要搭配门使用	1.一次只能烘单件衣物 2.重量最轻 3.配件较多	1.便携外带方便 2.体量最小 3.干衣速度快

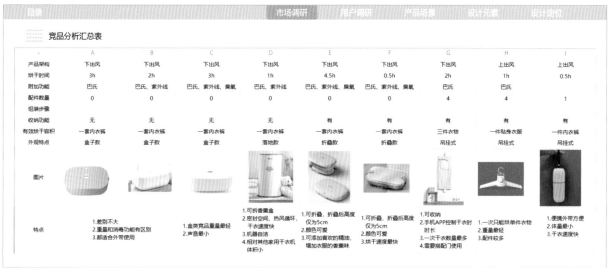

类型	居家			外出携带				
造型	传统、体积大	干衣架袋	拉链折叠式	衣架、体积小	折叠式衣架便携	圆筒式	分层式	折叠式
功能	烘干	烘干	烘干	烘干	烘干	紫外线杀菌上下两用	紫外线消毒烘干	紫外线消毒烘干
发展变化	体积越来越小，可移动，折叠省空间			外出携带更便捷，体积小省空间，功能更细分				

家居　　　　　　　　　外出

干衣机

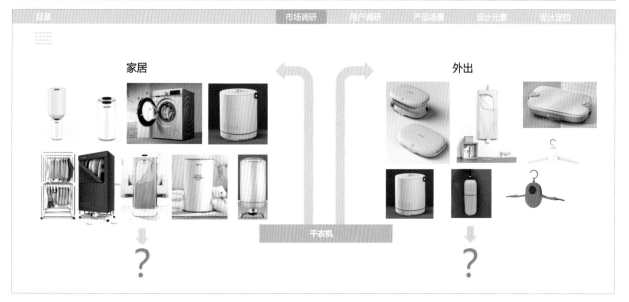

市场调研小结

1.干衣行业的主流产品主要分为家用和出行两类
2.家用干衣机向着小型化和可折叠收纳的方向发展
3.既可以出行使用，又能兼顾家用的干衣机产品暂时没有出现，这或许是一个市场机会。而且这个方向与项目需求里的"拓展使用场景"吻合。

所以，开发一款兼顾家用和出行两个场景的产品，是我们这次开发的重要方向

用户调研 & 访谈

在确定了开发方向之后，实训小组针对这两种场景的使用人群，进行定向的用户访谈，以筛选出有效的用户体验，清晰产品使用人群的整体画像。

白领A　女　旅游

基本信息

1.有经常去出差旅游吗？
会经常旅游。

2.会带行李箱吗？
会带行李箱。

3.多久旅游一次？
一年一次。

4.旅游周期有多长？
十天半个月。

5.行李箱一般装多满，是装7~8成满，装满，或者装满还挤，会带多少个行李箱？
根据天数，收纳7~8成满。

6.旅游出差一般住哪里？
去国外一般住民宿，没有民宿就住酒店。

一般问题

7.民宿酒店的洗衣机会使用吗？
会介意使用酒店的洗衣机。

8.酒店干衣机有用吗？
在酒店会使用烘干机，因为烘干机有消毒功能。

9.去酒店会不会洗衣服，要离开酒店，洗了的衣服没干怎么办？
一般都是离开酒店前两三天洗衣服，离开酒店前一天不洗。

10.和朋友出去旅游，会介意和朋友一起使用干衣机吗？
不会，因为干衣机有消毒功能。

11.内衣洗了晾在哪里，如果没晾干，怎么带走？
会把衣服装袋子，但可能会臭，内裤可以穿一次性，衣服会麻烦点。

12.有使用过干衣机吗？
有，比人高一点，两人宽的那种。

13.现在您是怎样使用你家的干衣机？
要把刚洗的衣服抖一抖，才能放进干衣机，要不干不透。

14.您在使用家里干衣机时有什么觉得不舒服的地方吗？
外置用久会变黄，希望洗完的衣服能直接放进干衣机使用，并且能烘干。

15.您家的干衣机噪声大吗？
还可以接受，放置地方离床较远，如果近的话希望能比正常说话声音小一点。

深入问题

16.我们有一款干衣机，是放置在桌面上，抽拉式的，拉开放衣服进去就能使用。
如果便携，体积小，会想要。

17.您希望这个干衣机的外观是什么样的？
扁的外形，能小就小，简洁大方，重量能接受1.5KG以内。

18.心里价位是多少呢？
300~400元。

19.您希望使用这款干衣机时，衣服是挂着的，还是直接放上去的？
平时习惯挂起来，可以尝试直接放。

白领B　男　出差

基本信息

1.有经常出差旅游吗？
省外出差。

2.旅游周期是有多长？
1-2个月1次。

3.一般出差多少天？
3-4天。

4.会带行李箱吗？
会。

5.行李箱一般装多满，是装7~8成满，装满，或者装满还挤，会带多少个行李箱？
一个，刚好。

6.旅游出差一般住哪里？
旅馆。

一般问题

7.去旅馆会不会洗衣服，要离开旅馆，洗了的衣服没干怎么办？
拿袋子装走，会臭，过一下水就好。

8.内衣洗了晾在哪里，如果没晾干，怎么带走？
拿袋子装走，会臭，过一下水就好。

9.有使用过干衣机吗？
没用过。

10.如果回南天衣服不干，潮湿衣服是怎么处理的呢？
吹风机吹下。

深入问题

11.为什么不选择一款烘干衣机呢，是占位置呢还是觉得价位不合适呢还是什么原因不选呢？
占地方。

12.我们有一款干衣机，是放置在桌面上，抽拉式的，拉开放衣服进去就能使用？
小巧的会考虑。

13.您希望这个干衣机的外观是什么样的？
精致、细致、外形小巧，放置在桌面，正常说话大小噪音能接受。

14.心里价位是多少呢？
200~300元。

白领A　女　家庭主妇

基本信息

1. 是否有小孩？
有2个双胞胎，一岁半。

2. 是否需要暖衣功能？
春秋季会用。

3. 孩子一天尿几次，衣服裤子需要快速烘干吗？
一天2-3次。

4. 有没有干衣机？
有。

5. 干衣机是什么类型的？
大型滚筒。

一般问题

6.平常会带孩子出去旅游吗？
孩子太小，不会带孩子去旅游。去外婆家像搬家，需要带大量孩子的衣服。

7.旅游会带干衣机吗？
出国游可以带干衣机；国内7天内不需要带干衣机；自驾游会带干衣机。

8.去旅店怎么洗衣服怎么晾？
如果有干衣机，会挂在浴室使用，希望干衣机可放可挂。

9.大人和小孩的衣服会不会分开干？
会，有消毒功能，优先干孩子，再干大人。

10.回南天刚洗完的衣服是否会有点潮的衣服一起烘干？
肯定分开放，湿的和潮的放一起会全部都湿了，浪费能源。

11.使用过程中遇到什么难题？
吵，声音大。

深入问题

12.希望干衣机有什么改进的？
操作简单，像伞那样，一键打开。潮流色。

13.描述二代产品，询问她想购买？
体积大不大，声音吵不吵？

14.用户心理价位？
200~300元。

15.稍大体型的，使用步骤简单和小体型需要自己组装的，你会选择哪一种？
稍大体型可以作为分装盒，容量差不多，会更偏向大型款。

从不同用户人群的使用体验中对问题进行分级筛选

从用户对产品的评价来看，用户对于现有产品比较关注的主要有以下四个方面：

1. 干衣的时间，越快越好。

2. 干衣机的体量，不宜太大，不占地方。

3. 容易打开和收纳，操作简单，步骤越少越好。

4. 期望有杀菌消毒功能。

对不同形式干衣机的用户反馈

STEP 2

产品策划

产品策划是通过研究洞察得出的综合调研分析结论，结合品牌自身情况构建产品策略，明确产品设计开发方向的阶段。学生在这一阶段明确项目需求，通过对家庭、酒店等不同使用场景的体验分析，对母婴、差旅两大用户群体的研究进行整合，输出有效的产品方向结论。

此阶段重点强化和培养学员的逻辑思维与策划能力，帮助学员从需求考察向产品落地的转换。

使用场景：

场景	产品形式	产品体验
客厅、卧室、酒店	落地式、台式	防倾倒、脚垫
浴室、阳台	台式、挂式	挂绳（可选）

	用户需求	需求转化	产品体现
	衣物换洗量大 频率高 暖衣	干衣有效空间大 一次可烘干5~10件婴儿衣物 干衣效率高：30~60分钟	干衣空间：30~50升 功率：200~500w
	一键操作 内衣裤杀菌消毒	自动化，零学习成本 杀菌消毒	自动打开和收纳， 自动烘干消毒UV消毒灯
	便携	体量小，可放旅行箱	长、宽、高小于或等于 常用旅行箱尺寸的1/3

市场定位及产品方向

STEP 3
核心产品

针对市场研究和用户研发找到突破点，确定产品定义及设计方向，并进行突破式创新设计，通过前期创意发散提炼出有价值的核心创意概念，了解制作产品原型对其基本的尺寸、空间、结构及操作等进行验证，保证产品设计的可行性。学生在此阶段根据前期的研究洞察和产品策划确定了产品定义及方向，设定干衣胶囊的模拟使用流程，在导师的指导下进行创意发散与产品制作，以验证产品的可行性。

本阶段在于培养学生发现问题、解决问题的能力，帮助学生掌握概念提炼的方法，培养其创新思维和团队协作能力。

课程指导

在实训过程中的创意展开阶段，会引入实践经验丰富的设计与技术导师进行专门的课程指导，重点解决产品的设计实施环节与创意构思方向等问题，让产品设计有落地的可能。学生能切实地深入到产品应用与设计风格的探索，从而厘清创意点的生发根源。

教师着重训练学生的手绘创意效果图思维模式，引导小组围绕产品的定义发散创意，提升多维层面的思考与动手能力，针对产品的设计问题，把握设计定位与风格方向。

课程重点

本项目涉及的知识领域较为多元，更为考验小组每个成员的设计应变与创意执行能力，在多次头脑风暴的结果中不断推进项目，是实训学习中侧重由概念到设计衔接的重要进阶环节。

◢ 产品架构与拟用流程

根据前期调研进行产品定位，对产品的架构和功能进行设定。初步确定产品设计的核心与各功能组件的参数，同时按步骤设定产品的使用流程。

本阶段设计方案的"胚胎"已然萌发，它会在后面的各个阶段逐步生长成形，直到形成内部结构的完整。

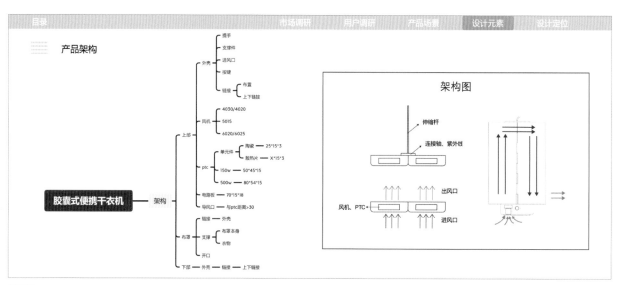

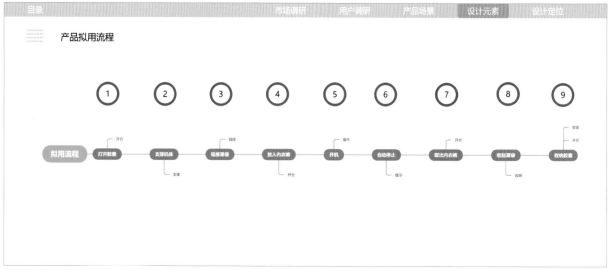

搭建架构及进行产品定义

◤ 设计风格

通过制作设计意向图，尝试探索不同的产品设计风格，进行优、缺点的反复论证与推敲，整体风格也自然会水到渠成。

◤ 教学观察

结合产品用户群、产品架构、使用流程等设计因素展开产品外观设计方向的发散，并以意向图的形式表现。分别从 CMF（色彩、材料、工艺）、UX / UI（用户体验 / 交互界面）、局部细节等方面进行设计。

意向图的表现，是产品设计中较为常用的手法。设计师搜集符合设计意向的图片，综合呈现设计方案的外观造型风格、产品配色设计、材料质感、工艺特点等。意向图能够帮助设计师清晰地定位设计方向，也能帮助设计师形象地向客户呈现初步的设计想法。

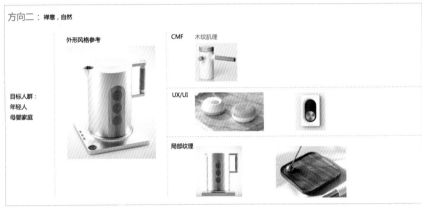

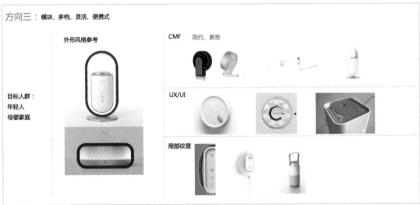

STEP 4
产品设计

通过有效的设计流程,对确定的初步产品原型进行发散式的创新设计,运用快速手绘对设计方案进行直观的呈现及展示。学生在此阶段对干衣胶囊的形态、功能、结构及人机工程学等方面进行推敲,借助草图、建模渲染、场景应用等手段,综合表达方案的创新点和解决的问题。主要锻炼学生的设计创新能力、设计综合表达能力及设计执行能力。

◤ 前期创意发散

草图阶段在调研结果整理完成后即可。项目小组以大量的手绘图稿表现设计的初步创意,经过头脑风暴集中讨论,对手绘图稿设计方案汇看、评判、优化等,创意在其中不断有量的积累与质的演变,从而形成整套产品设计思维的独特轨迹。手稿正是这些不断思考发散的图形记录,集中了小组每位学员的可取之处,汇总为最终成形的设计方案。

手稿是设计创意逐步深化的过程，效果表现应重点集中在外观、功能、结构、规格、审美样式等方面，反复筛选不同的方案手稿，推导出最佳的设计效果和成熟的造型后再作产品草模的模拟制作。

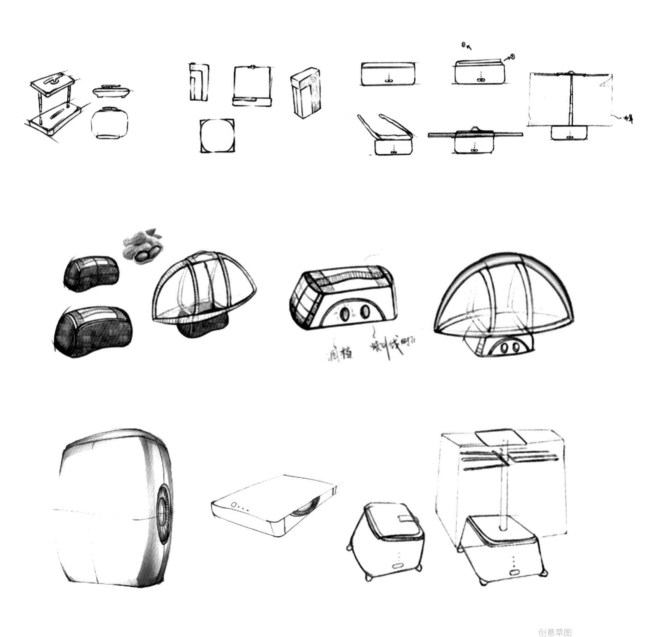

创意草图

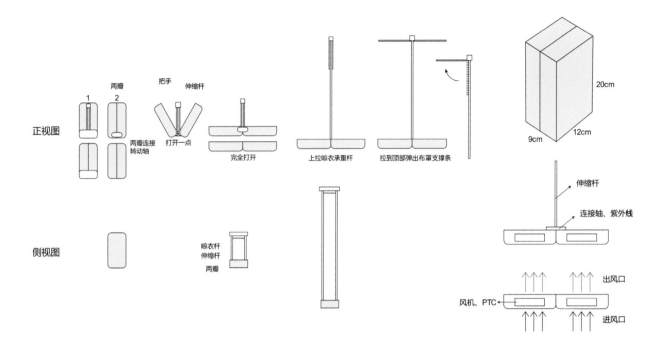

正视图

两瓣
1
2

把手

伸缩杆

两瓣连接
转动轴

打开一点

完全打开

上拉晾衣承重杆

拉到顶部弹出布罩支撑条

20cm

9cm   12cm

伸缩杆

连接轴、紫外线

侧视图

晾衣杆
伸缩杆
两瓣

出风口

风机、PTC

进风口

功能架构

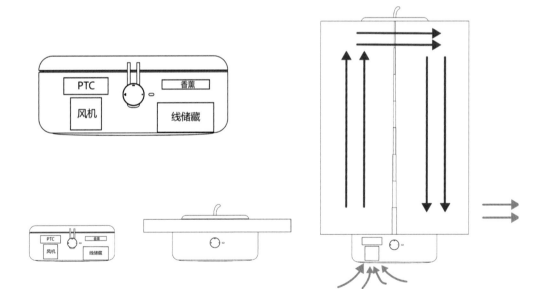

PTC   香薰

风机   线储藏

PTC   香薰
风机   线储藏

◤ 原型制作及验证

为验证草图的立体形态和可实现性，学生从讨论选出的草图出发，以瓦楞纸、布料等最简便的材料制作产品草模。草模可展示和验证各个草图方案的伸缩结构、开合方式、烘干袋的折叠方法等，修改优化方案并反复论证，形成清晰的设计思路。

草模能够展示设计方案的体量大小、基本结构和使用方式等，便于设计师对方案作合理性的判断和修改优化。草模相比计算机三维模型效果更加直观，而相较于精细模型制作则成本更低，也更省时、省力，尤为适合短期设计项目的前期验证。

◤ 人机工程及细节推敲

在草模的验证过程中，学生可以电脑图稿形式表现产品的结构形态、内部架构布局设想及工作流程等，并与工程师沟通技术应用等方面的问题。

前期准备工作就绪后，学生可借助计算机软件（Rhinoceros、Keyshot、Photoshop 等）制作方案效果图，在效果图中根据产品的使用场景、针对不同用户群进行 CMF 设计。

为了更美观、直观地展示设计方案，设计师通常要为产品模型搭建展示空间、光影效果，设定符合产品定位的宣传语，在效果图中尽可能地把产品最理想的外观效果、最具创新的设计点集中呈现出来，争取更多的用户群体，发掘产品的潜在消费者，激发受众为设计"买单"。

手提包式干衣机场景效果图（4 幅）

"晴天盒子"式干衣机场景效果图（3 幅）

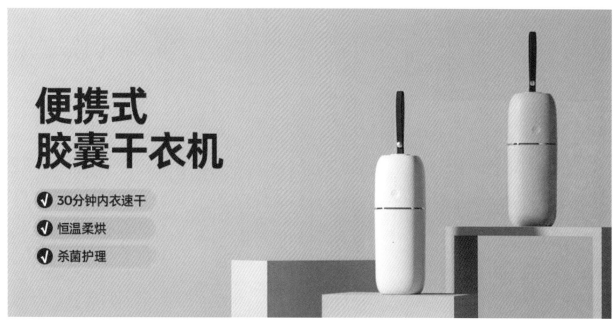

便携式
胶囊干衣机

- ✓ 30分钟内衣速干
- ✓ 恒温柔烘
- ✓ 杀菌护理

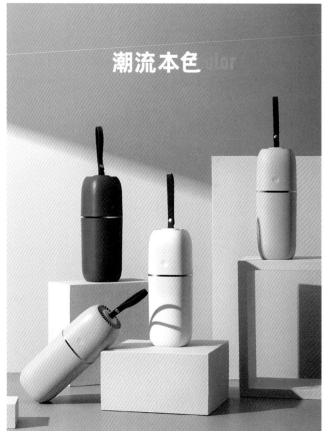

潮流本色

便携式胶囊干衣机效果图（4幅）

针对外观设计方案进行结构设计及相关功能的技术实现。本阶段学生在导师指导下前往工厂实地观摩和体验，考量干衣胶囊的产品结构及功能如何进一步实现，进入功能的技术实施流程。

此阶段重点在于进一步帮助学生理解产品实际落地过程中的实施技术与要领，通过形象直观的工厂实地考察与观摩体验，解决产品设计功能内核上的要点问题。

1 到工厂实地观摩体验，讲解产品实施技术与要领

方案形成依赖于前面两个环节的思辨与论证，此阶段着重于通过实地考察与技术知识的贯通来增加学生对产品内质的了解，解构模型与样机的细节问题，到车间实地考察并记录模具生产的规格与制作流程，积累更多的实践感受，学习一些基本的生产技术要领，以更好地消化产品的设计原理，应用于项目设计方案。

课程重点

小组成员在较短的时间内需要消化较大信息量的补给，即时反馈到产品设计草图中进一步深化设计方案，达到预定的学习效果，将专业知识通过应用加以融会贯通。

2 核对模型与样机的差别

3 样机颜色比对

4 打样零件矫准

STEP 6
制造服务

此阶段着重于开发模具、整合供应链资源，实时跟进以有效保证产品顺利落地。学生在结束一个月的孵化营实训之后，仍会在导师的指导下跟进干衣胶囊的模具设计与验证、后期测试与制造，并参与模具规格的比对、干衣袋材质的选择及模具实现等环节，以进一步加强学生对实际生产情况的全面熟悉与了解，形成设计实操能力与产品落地的设计意识。

1 比对模具尺寸和材质

2 比对阴阳模具，了解模具结构元件

3 模具制作与加工过程

4 模具制作成形与实现

STEP 7

推广策划

通过系统的策划、设计推出完整的各类推广物料，构建起多渠道有效组合的推广策略方案。学生在此阶段重点进行干衣胶囊的品牌推广及相关体验物料的设计。在提升产品创新设计能力的同时，学生通过推广策划锻炼了整体策划、平面设计及沟通交流等综合能力，可进一步提升商业宣传策划思维和产品的实效转化力。

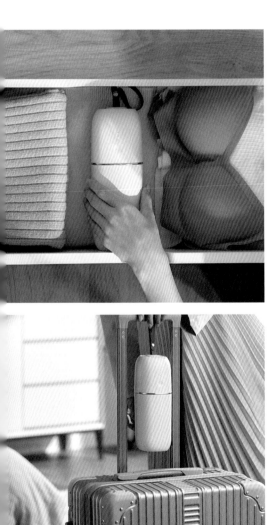

产品在不同商业场景的宣传方案呈现

品牌推广

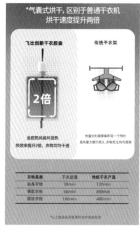

推广物料设计（4幅）

儿童衣物

宝宝的专属干衣机
消毒除螨更安心

—

便携干衣四步走

New species
A NEW KIND OF DRYING WAY.

01- 拔：拔出主机

02- 扣：扣好干衣袋

03- 夹：夹好衣物

04- 拉：拉上拉链

推广物料设计（2幅）

STEP 8
终端呈现

建立产品体验式的终端环境，配合产品展示，以生活化物料、视频等形式与用户建立有效的沟通体验。设计结果的终端呈现包括产品效果图、模型与打版、设计方案发布展示以及产品三维动画视频或实拍使用视频等。能否直观地把设计方案多维度地完整呈现给用户，是考察工业设计师素质的一个重要指标，创新的体验设计能力和良好的体验式活动的策划能力都非常重要。在各类展场为用户搭建一个完整、有亲和力的便携式烘干产品展示体验空间，能够大大提高产品的认知度和知名度。

视频设计

展示体验空间

STEP 9
价值传播

通过多渠道及媒体的推广传播宣传，让产品准确触达用户。价值传播是孵化营的最终阶段，学生在干衣胶囊产品的传播后期积极参与了线上电商推广和线下广交会展销活动。通过此项目全价值链过程的学习，学生进一步熟悉了一件产品从无到有，直至最终面市、实现销售各环节的流程及各个关键节点的核心价值，为其今后的设计师生涯奠定了一定的理论与实践基础。

通过广交会展览活动进行推广传播

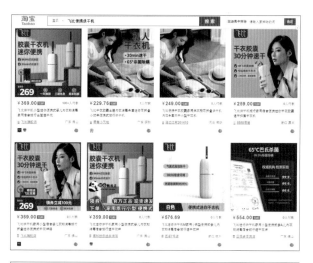

通过电商渠道推广

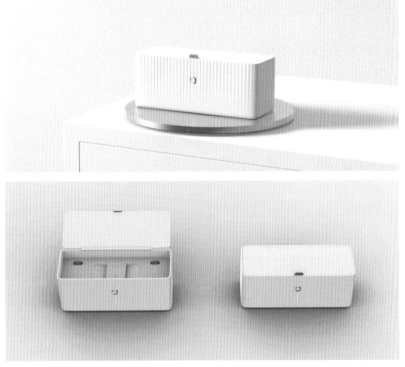

教师 > 罗冠章

上午，8点多同学们就到了公司，在饭堂吃完早饭即准备投入工作状态。准设计师孵化营企业方的班主任许国栋老师首先检查了全员"摸底考试"的答卷，考题是"办公桌面灯具设计"，同学们的表现都不算太如意，跟我之前在选拔孵化营成员名额时所了解的简历多少有点落差。主要是大多数同学在课堂上基本没接触过快题类的设计，在规定的3小时内要完成调研、分析、定位、设计、手绘表达等全部内容，大家都有点懵了，再是受网课的影响学习上难免有些懈怠，手头功夫也生疏了不少。昨天下午我也跟公司课程的总助理伍晓羽老师聊了一会，测试主要考察个人解决问题的意识，思路上是否清晰，再看分析得是否到位，手绘表达能力的水准等。

许国栋老师的日常工作状态给人一种争分夺秒的感觉，他快速点了几位同学介绍测试的方案，接着重点讲了设计项目过程中的3个要点。首先是抓住核心点。不管是在每次与客户沟通还是与导师的交流也好，要做到能抓住3个核心点，才能做到有效沟通。其次是带着疑问去

听课、去设计。在学习和设计过程中，都要自己去预先设想问题，在学习过程中找解决方法。还有就是时间的有效分配和管理：预先设定每个阶段的目标，再根据目标来压缩自己的时间，提高完成的效率，而不是根据时间来降低实现目标的效果。就像3小时的"摸底测试"，应该是有预想地完成效果，再压缩时间去努力完成，而不是想着3小时太少我做不到如何如何，然后就会降低自己的目标效果。

班主任还介绍了项目的基本流程，我也就"摸底测试"的表现情况提醒一些应当注意的问题，关系到展示效果的地方。问题主要是讲解方面缺乏清晰的逻辑条理性，步骤和前后关系交代不够。二是讲解的亮点不够突出，记忆点不够明确。三是展示不到位，自顾自讲，与观众全程无交流。四是态度不够主动，同学们都还没有进入一个积极表达的状态，被动接受学习效果就会打折扣。

班主任和晓羽老师最后为大家再总体梳理了一下项目的总体进度和时间要求，让每位学员清楚在实训期间的注意事项。

干衣胶囊组设计提案

教师＞周唯为

Ⅸ CMF 课程全接触 & 工厂一站式生产考察

9月16日上午11点，孵化营小组的专业课程是《CMF 在产品创新中的应用》，和往常上课的地点不一样，我们离开了"火星"（会议室），直接在产品展示区域开始实训学习。

梁老师让晓羽老师拿来了一个银色手提箱，据说价值"百万"。在同学们期待的目光中，箱子缓缓打开，里面摆放了各种体现了不同表面处理工艺的材料，老师重点介绍了一款出口意大利的手机外壳，这款外壳同时具备哑面和亮面两种不同工艺，并且畅销意大利；不同电器、不同档位的材料和工艺的选择真是让人眼花缭乱，因为可以亲手触摸到各类材料，勾起了大家的好奇心，进一步加深了我们对 CMF 课程的理解。接下来老师还秀出了价值不菲的 PANTONE 色卡，给大家逐一触摸感受，课后的作业任务让人很是意外，老师让大家去商场里找冰箱、空调等4类产品，要求能把 CMF 的特点形象地描述出来，这种上课形式不那么枯燥，大家对下一次课程的期待值也比较高。

下午我们的课堂转到了工厂的场地参观——希得科技工厂。对生产业务极为熟悉的东方麦田供应链彭浪总经理带我们走了几个主要的生产车间，重点参观了模具生产和注塑工艺这两大块。

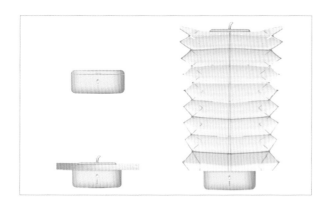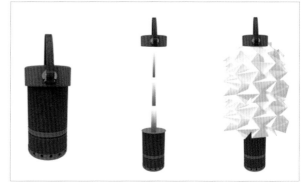

通过近距离接触各种生产部件，观摩生产工艺，大家从最初的陌生到记录各种模具、开模的整个生产流程，包括实地观察比较细节的问题，比如边角的处理需要用到火花机，是通过电极脉冲原理进行的……有的同学还感叹道："原来开个模要这么贵！"注塑工艺流程之前他们也只在书里有所了解，这次看到实体机器，才知道原来注塑是需要从中间过渡至两边来操作的，终于算是搞明白其中的机关了。

中山市的锐尔朗车间有较大规模的产品生产线，实地的考察学习刷新了学员对产品线的观感和认知。此外，东方麦田设计的加湿器、锐尔朗生产的风扇以及风扇马达的生产流程，也都是此次观摩学习的重点产品，组装、检测、噪音测试、清洁以及包装在工厂的实验室里都齐全了，阻燃、测金属含量、耐磨性测试、适配器测试、温度测试等相关仪器的使用方式解开了大家最初的不少疑惑。

边看边讨论，老师和车间的师傅被同学们缠着问问题，讲明白了大家也消化了不少专业知识点，相对学校课堂的理论教学，实训基地的全方位考察增强了体验感。

9月23日上午10:30，广轻工产品艺术设计专业群"工学商一体化"项目准设计师孵化营干衣胶囊组展开设计提案的客户沟通，地点定在东方麦田的"三亚"会议厅。现场都是让同学们感觉有点心虚的专业人：麦圈科技负责人李鲁总经理、项目组企业导师设计总监林栋联、资深设计师吴智鹏、项目组校方导师罗冠章老师、周唯为老师，干衣胶囊组准设计师团队由欧泽成、郭子清、孔达梓、王丹纯

4名成员参与设计提案。

最先是胶囊式便携干衣机的前期设计调研汇报。主要对市面现有9个类似的典型产品做市场调研、用户调研和产品分析，对差旅人群、母婴用户进行访谈，对试用现有市面产品的反馈分析，对不同场景下的用户需求综合分析等，简述调研过程得出设计结论。

小组成员结合设计草图、草模、示意图及意向图再分别进行提案。欧泽成通过折叠式布袋和伸缩杆的设计提出抽出式干燥盒的方案，孔达梓利用拉杆箱的伸缩杆原理提出"月光宝盒"式打开干衣盒的设计，郭子清提出充气囊式无骨架自动卷收型的便携式干衣机设计，王丹纯提出结合伞状骨架抽出展开式时尚水桶包的干衣机设计方案，各有设计亮点。

李鲁总经理认为小组团队的设计方案创新度高，产品可实施性强，体现了一定的深入思考，提案中手绘图稿部分方面显得有些不足，需再作调整修改。在场的专家在头脑风暴的基础上就项目组的不同方案讨论了优化的建议。

40分钟的设计提案紧张而新鲜，大家体验了一把与客户面对面的提案过程，小有收获，对项目调研和方案设计有了更多新的想法，客户方的肯定也是一种莫大的鼓励。提案汇报的具体要求和技巧对于设计提案也是非常重要的一环。

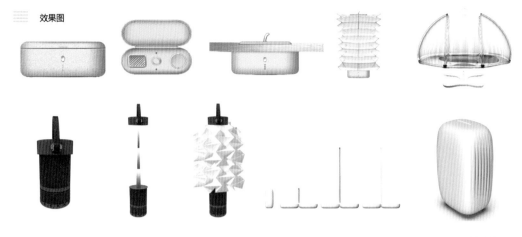

效果图

设计方案草图

∧ "干衣胶囊"——设计的提纯与功能升级

"干衣胶囊"项目从便携式干衣的设计需求出发,这种生活用品其实看似简单却需要强有力的设计概念去支撑,对于生活体验并不是很强的这些学生来说也是一个全新的挑战。

林家栋老师是典型的理工男,说话总是作精减法,但给的信息量特别大,他对产品的结构、原理知识的讲述整个一副眉飞色舞、信手拈来的样子,感觉特有设计活力。干衣产品的市场报告中提到干衣胶囊其实是一个全新的产品设计概念,适于外出旅行者或学生宿舍使用这些场景,胶囊展开后就是一个风机加储气袋的结构,利用热风在袋里循环流动带走水汽的原理,完成小件衣物的风干。袋子和电线可折叠放入胶囊中,收纳叠好后就是一个保温杯大小的形态。第一代产品的不足在于使用不便:比如袋子与风机口的扣接,在使用过程中必须完成扣接才能打开机器;再如衣物的展开有困难,应尽可能加大

衣服与热空气的接触面积,干衣速度才能更快,前期有尝试使用折叠式衣架的方式,但是需要考虑衣架材质的耐热性、衣架使用时的工序,以及展开衣架挂衣服再套袋子、与风机扣接的整个过程衣物易脱落等问题,使用环节较为麻烦,最后小组还是舍弃了衣架的设计形式。林老师为完成产品设计进行了大量的手板打印和测试,他的模型台面上摆放了多个完整或不完整的测试手板,还有各种不同材质的储气袋、拉链打开方式及造型款式等。最终实现的一代产品外表看似平常,实际上却是每一个使用环节都经过无数次尝试而最终得出的最优方案。而对产品手板的外观、衣袋试用、内部结构观察等,同学们提出了各种问题,以及设计解决方案的初步设想,自由讨论的氛围已经有了准设计师的感觉。

项目组组建的线上小群推选欧泽成同学担任小组组长,由他完成立项书、项目进程计划表填写等,在微信群上进行学习资料共享与讨论的组织,也方便各方导师随时监控项目的进展情况。

Ⅳ 设计任务

欧＞我们小组设计的效率很高，速度都比较快，这都归于组员积极做事的态度，分派的事情能很快速地完成，各人性格都比较平和，这让我们能在一个比较好的氛围下高质量地完成工作。完成速度较快的同时，资料数据总结的逻辑准确性就相对低了不少，后期需要反复修改，这导致我们后期投入的精力和时间也相对更多，以至于

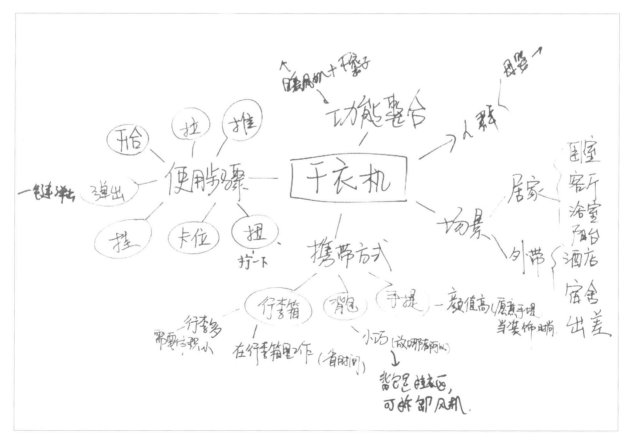

设计思维导图

第一代干衣胶囊分析

产品缺点

1. 电线短

2. 组装、拆分不方便

首先是胶囊的打开方式比较困难

袋子的卡口和胶囊上部分的组装和拆分

衣物装进袋子里夹住

袋子和胶囊的组装，衣物放到袋子里夹住，使用步骤不够明确

袋子的收纳和电线的收纳

3. 不可以单独使用，要搭配晾衣杆或者钩子使用

产品优点：

1. 小巧精致

2. 巧妙收纳

第一代干衣胶囊分析

后期全员的心态有点崩，身心比较累。团队的总体抗压能力还有待提高，需多从全局考虑工作的实效推进。

孔＞刚开始做 PPT 文件时我们已理清了思路，做调研报告时并没有出现什么大问题。但在用户调研中缺少了访谈部分，后期补上的用户访谈问卷还存在很多问题，但我们用思维导图来理清思路，进行头脑风暴的归纳整理，所以很快就调整回来了。老师也提供了清蜓干衣机让我们去参考体验，他重点讲解了产品结构，加深了我们对产品结构的印象。

王＞做好上课和项目的时间分配、学会与他人相处、服从项目小组的整体安排，让自己愉快工作的同时也令他人愉悦，这些都是我个人对实训的真实体会。

郭＞我们项目组做事效率高，有较强的团队精神。能跟着老师的思维走，课后作业思路较清晰，加深了对课堂内容的理解。设计稿尽量分步骤画，能让老师清楚设计草图的思考过程。思维导图方面能大胆发挥想象力，然后再作理性的整理和分析。用户调研针对关键问题设计问卷，让用户能在短时间内做出有效答卷。

Ⅸ 技能解锁

欧＞1. 能"准确"把握干衣胶囊产品的设计点。尽量把规格、风格以及架构弄清楚。把设计放在一个小的框架里，有利于减少设计偏差与失误。2. 在客户没有意见或者详细要求时，我们要帮助客户聚焦需求和问题，并综合现有产品提出观点，以聚拢客户的具体想法。设计上要有梯度，区别于市场一些常规的设计形式，跨越式的一些设计亮点才能打动吸引客户。3. 用户调研要用宏观分析的方法，也要有微观分析的角度。4. PPT 的每一页都要给客户呈现最有用的点，而不是为了凑页数。5. 用更好的方式去设计，找到超越客户期望值的最佳方案，要全力去争取更好的效果。

孔＞实训让我体验了很多的第一次：第一次交 PPT，学会了有设计风格的做法，包括 PPT 的思路逻辑怎么梳理清楚，整体的大纲和内容结构的安排……第一次接触产品架构的分析，学会了怎么分析当前市场的发展趋势，做出趋势预判。第一次做用户调查问卷会想尽办法去获取各种信息，明确最终要实现的设计目标。还有第一次做用户访谈，从笨拙的交谈到学会访谈的一些沟通技巧来获取信息，总之这些第一次都是新奇的、有趣的。

王＞我更关注：产品架构如何确立、产品的使用方式与步骤如何一步步具体化做市场调研时对市面现有产品怎样去做区分、用户调研怎么问才对，以及怎样才能让问的问题有价值并为己所用。

郭＞与在客户沟通前我们需要全面掌握甲方的基本信息，在沟通过程中有梯度地进行询问和交流，并引导客户在交流时获取更多信息。做用户研究时全方位了解用户的深层需求、紧跟消费者的需求变化趋势很重要。了解产

品定义的界限有利于找准设计方向，项目实现的目标也会变得更加精准。产品形态灵感推敲往往在方寸之间尽显效果，所以设计前要把框架定出来，再进一步去了解产品的结构等细节，设计就像画画：先出大轮廓，再去描画画面的各个细节。

从 客户约谈

[甲方] 欧 > 重点关注母婴人群和差旅人群。使用的程序要简化易操作，产品结构不要太复杂，要考虑体积小型化、易收纳的便捷性。

王 > 方便携带、使用步骤简单的干衣机是我们的设计目标，用户更倾向于体量大、易操作型的机器，对于没有使用过干衣机，但出现一款相对便携度高、好用且价格不高的款式，也会有考虑试用的可能性。

孔 > 适用于母婴类人群同时又可兼顾差旅人群外出携带的干衣机，在我们的设想中它是容易折叠收纳的，尽可能地减少使用步骤，甲方的理想设计造型是一拉就可以使用的款式，反而对产品的颜色没有提出具体要求，重点是需增加消毒功能。

郭 > 根据第一代干衣胶囊的原型做第二代干衣产品的升级优化，有一定的设计发挥空间，外出便捷的携带功能同时要满足母婴人群的使用，放于桌面拉伸式展开的设计有进一步深化的空间。

[设计方] 孔 > 我们对干衣类产品做了市场调研和竞品分析，预判当前市场的发展趋势，分析了干衣类产品的使用流程和痛点，说服甲方接受新的二代设计理念。用户调研包括线上用户反馈和线下用户访谈，最后再整理综合、筛选优化成设计的结论。

从 试错方案

□ 设计方向
第一小组调研 > 1. 市场调研包括市场现状和发展趋势。2. 用户调研主要通过用户访谈和线上反馈。3. 为目标人群设定产品使用场景。4. 将设计元素应用于产品架构和拟用流程。5. 得出设计方向的综合结论。

□ 实施方法
欧 > 1. 需根据项目需求，定好设计的大方向，再细化每一步要调研的资料，以减少调研的差错率。我们采取分工制，明确每个人的任务，来提高信息收集整理的效率。2. 做用户定性研究时，根据用户类别来设置提问，准备好基本信息类的问题、一般型问题及深入型问题，正式做访谈时才能深挖出用户的问题点与真实需求。

孔 > 1. 根据市场现状做了竞品和架构分析，再用图表方式总结所得到的信息。2. 用户访谈以问卷形式，不断修改问卷的问题，让问题痛点更为突出。线上的反馈主要通过电商平台找各类用户评论再作总结。3. 使用场景则需要预估什么类型的人群在何种场景适用。通过线上途径找

欧泽成 > 跳出设计看设计。

王丹纯 > 设计是严谨的，要经得起推敲。

孔达梓 > 在公司会比在学校和工作室更有工作氛围，通过逛卖场细品产品造型外观和 CMF。

郭子清 > 多想少做。

了很多参考方案和设计元素，采用东方麦田的产品设计方法归纳筛选出可供参考的内容。分析用户干衣的整个使用流程并思考如何简化产品使用步骤。

王 > 用户问卷内容的整体逻辑性不是很好，也没有区分访谈的不同用户人群，还有就是设定问题的目标还是有些含糊，不大清楚想从问题中获取什么答案。

□ 执行效果

欧 > 我们在定下设计大方向的基础上开展调研，调研报告的逻辑性会更清晰化一些，不易出现大的逻辑错误。调研分工明确，组员都会被分配一个小目标去完成，每完成一个既定的小目标会更加有动力，感受到团队力量的温暖。用户调研的三种问题尽量站在用户的角度来思考提问，从回答中归纳采集有用的信息，来校正我们设计大方向的准确性。

孔 > 方案的排版视觉上有些欠缺，在竞品分析的干衣时间数据直接在网上找了相关测评，标准不统一，所以得出来的数据反馈不够有说服力。调研的小结观点不够清晰，应该体现我们组对整个设计的分析和思考。加上设计观点的陈述，给甲方看会更能引导他们的思考与判断。

郭 > 针对不同使用人群对市面上的产品做用户评价分析，告诉消费者使用的好处与优点，需改进或修正的不足点，可作为我们提出设计想法的借鉴。针对此类产品的设计发展趋势，对市场上的竞品设计亮点和结构功能等分类要清

晰化，不能过于模糊。用户调研不能以偏概全地针对不具代表性的个体用户痛点来设计。

王 > 我觉得市场调研要时刻关注产品的最新动态，跟上推陈出新的节奏，产品的设计才有引领价值与作用。继而在对市场现有产品分类时，用户类型和分组研究才能尽量准确。

欧 > 1. 了解到东方麦田公司的设计方式与学校的四大模块教学模式既有相似又有不同，让我体验到商业设计的严谨与精准性。尝试参与真实的用户访谈，让我懂得了怎么设计好问题与深入发散提问的技巧。

孔 > 由于我们组的用户访谈时间很短，刚开始做得很仓促，但很快我们就调整好了状态，访谈后取得的效果还是挺不错的。在第一阶段让我印象最深的就是刘诗锋董事长的专业设计课程，他提出产品设计是为产品定义服务的，设计师一定要给产品的定义做好边界，一旦超出边界，这款产品很可能会失败。他通过大量的设计实案让我们了解到设计定义的重要性。

郭 > 我们做市场调研走进了各类商场，先摸查了市场上大概有的竞品，再加上线上市场的调研，收集到了相对具体的信息，与用户进行面对面交谈，可以真实了解用户使用同类产品的痛点，这些都为后期的设计积累了比较有效的第一手资料。

王＞其实我们最初还不是很懂如何做市场调研，也不知道怎么从调研中提取信息，如何理清调研的思路，经过老师的现场点拨与实际场景模拟的观察体验，让我们从最初的好奇到市场、用户调研的逐渐深入，越来越清晰自己想要的，并开始想设计的突破点，紧扣前期做的大量实际调研，可见设计源于充分而科学的综合信息分析与数据整理。

设计体验

欧＞设计的工具应用与实操来源于设计思维。前期的设计准备每一步都要有结论，才能形成有价值的连接点，通过有目标、有边界的设计来实现。

王＞提案中我理解错了产品的定义，提案的方向都是相同的，老师给我的建议是：设计提案是需要梯度的，也是为了让用户有更多选择的可能性。

孔＞东方麦田公司的设计师给我的建议是要多看产品、多积累，而且要对每一个产品去细看，看产品造型的优缺点，再自己去探索更优的设计想法，用手绘的方式尽可能地把对产品的设想先描绘出来。

郭＞产品的结构要做得简易方便，结构也不用太复杂，制作成本才能尽量地降低。

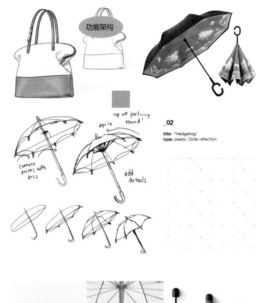

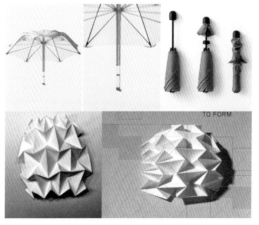

干衣机设计功能架构图

∅ 中期任务

欧＞在草图深入阶段，我们碰了壁。因为草图效果画得并不是很好，在老师的指导下，我们开始了草模制作，制作草模时，团队有了更多的交流，气氛活跃融洽了很多，大家各司其职，充分体现了团队精神。草模完成时感到一种无比的自豪。

孔＞画设计手稿时因为手感比较生，效果比较平，都没有手绘上色，只有一张色稿是比较满意的，在学校学习阶段相对少关注这个问题，实训时才真正体验到草图表现效果、产品结构部件的交代等对后期设计实现还是很重要的。

王＞感觉草图在结构细部方面还有必要进一步细化，草模制作需反复尝试什么方式最优，草模的说服力真的比我们凭空说的强太多了。建模就是设计的新尝试，之前都没有做过皮革建模，是一个全新的挑战。

郭＞我们小组成员有较强的团队精神，组长在分工时会给组员交代每个成员工作的责任部分，大家互帮互助，在和谐的氛围做设计感觉更能激发大家的斗志。

∅ 技能解锁

欧＞在展示设计方案时，我们会把设计点按主次列出，例如从显性到隐性，从痛点到设计点，从核心到无关部分，通过有序的简列会让甲方更快速准确地了解设计方案。在明确风格倾向的前提下，意向图元素和设计特征需要重点呈现。在实训中要善于做设计评价，这是推敲和改善方案的必要过程，总结现阶段的优缺点来推进下一步。

结论 > 1. 使用者包括母婴人群与差旅人群。2. 使用动作要简单。3. 产品结构不要太复杂。4. 产品要小型便捷，易于收纳。

孔 > 在草图阶段，我会重点考虑产品的体量和结构是否经得起推敲，现有的部件结构是否能支撑起我设计的方案，设计的目的明确清晰化，给甲方的提案才容易中单。

结论 > 缩减使用步骤，多用落地的思维去思考方案的实施方式，做好产品的定义。从取出产品到正常使用的流程需简化，在规定的界限里给产品设计提案，包括外观和功能等设置。

王 > 我在设计过程中学会了用草模表达自己的方案。体验了一把建模车缝线技能，同时对产品结构和尺寸有了更为直观的概念。

结论 > 与市面盒子类型的和大型组装产品要形成区别，对市面上现有产品进行比较分析和提优汇总。

郭 > 在画草图时要把结构画清楚，老师看草图不用多问就能一眼看懂设计点。在动手制作草模时，需要搞清楚内部结构是否合理，发现不合理的地方便请教老师指点，及时修正，让产品的结构尽可能更完善。

结论 > 根据干衣需求设计开发产品，突出外出时便捷携带的功能，增加母婴使用人群，主要集中于放桌面拉伸式展开的产品设计方向。

客户访谈

[甲方] 欧 > 1. 母婴人群与差旅人群；2. 使用动作要简单；3. 产品结构不要太复杂。4. 小型便捷易收纳。

孔 > 缩减使用步骤，多用落地的思维去思考方案的实行方式。定位好产品方向。

[设计方] 孔 > 简化从取出产品到使用的流程，在规定的界限里对产品外观和功能等做全新的设计定位。

王 > 区别于市面盒子的类型的和大型组装产品，对市面上的产品进行区别和提优汇总。

郭 > 根据用户的干衣需求设计开发产品，设计要求为外出便捷携带，增加母婴使用人群，可放桌面呈拉伸式展开。

试错方案

□ 设计讨论

欧 > 小型，便携，操作简单，产品结构简化，干衣区大。

孔 > 功能整合，以巧妙的结构实现展开和收纳。

王 > 辣妈出行、辣妈带娃、设定时尚因素，结合雨伞和手风琴式的结构，实现使用步骤简化、提升使用感受等。

郭 > 针对母婴人群外出的便捷使用，袋子便于携带收纳，外形体积小。

□ 实施方法

孔 > 产品结构分为7种方式进行探索。1. 开伞方式。伞的结构与干衣机的造型整体呈圆柱形，圆柱分为上、下两部分，两手分别拿着上、下部分，反向推开，把骨架推出来，类似折叠伞和反向伞，下部分的骨架起支撑作用，上部分的骨架用于晾衣，出风口是中间支撑的圆柱。2. 抽屉的拉开方式。干衣机分为上、下两部分，用伸缩杆连接，拉起上部分就可以使用，内含布罩，布罩是和干衣机上、下部分连接起来的。3. 拉帘式结构。干衣机的造型为一个圆柱形，布帘藏在圆柱里，只有一截在外面，使用时把外面那一截拉出来就可以形成一个圆形的封闭干衣空间，收纳也是一样的步骤。4. 模仿收纳折叠桌的展开结构。干衣机的造型呈扁圆柱形，分为上、下部分，

中间用伸缩杆连接，上拉上面的盖子，下盖会分4个不同方向移动裂开，就像披萨一样分成4块，裂开的部分下面有补充层出现，把补充层放平就可以了，衣服是放在下盖部分来干衣的，不用晾起来。5. 模仿月光宝盒。采用开盒、盒子收纳的形式，一打开盒子会看到里面的伸缩杆，再把伸缩杆上拉就可以使用了。收纳时需把伸缩杆压下去整理好布罩再合上盒子。衣服可晾在两条伸缩杆之间的连接绳上。6. 针对出差人群设计，在酒店的电吹风上进行功能整合，拿出来使用时是电吹风，放回存放卡口时就是干衣机。7. 在行李箱的基础上加入干衣功能。行李箱里有伸缩杆，在家和酒店时把行李箱里的东西拿出来，拉起伸缩杆，把布罩套上可当干衣机使用，外出时还是一个行李箱的结构。

□ 分工配合

王 > 负责半手动模式、手动收布

欧 > 负责手绘、平面软件制作

效果图

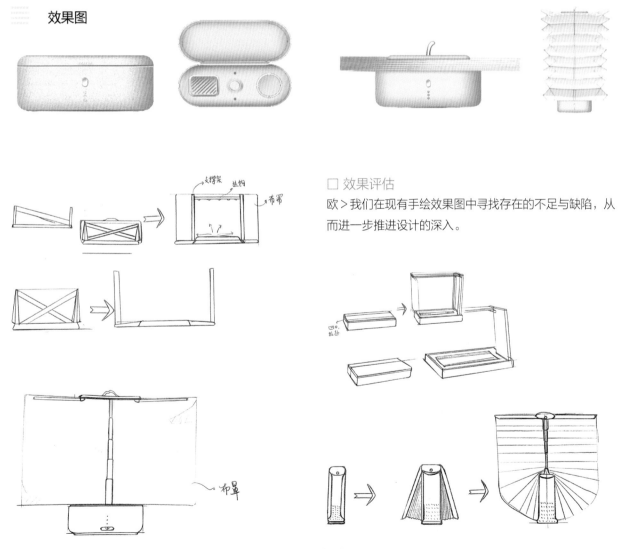

□ 效果评估

欧>我们在现有手绘效果图中寻找存在的不足与缺陷，从而进一步推进设计的深入。

干衣机设计手绘草图

081

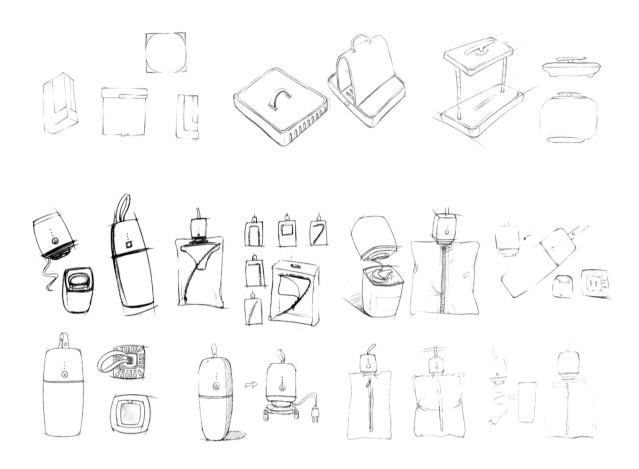

干衣机设计手绘草图

□ 效果评估

孔 > 1. 草图1、5可以深入，但草图1的结构很复杂，而且中间的柱子若是出风口，可能会温度过高而损毁衣物，最后选择对草图5进行深入，结构比较容易实现。2. 草图3、4的实现难度很大，结构复杂而且效果比较一般，草图、参考图和描述都不到位，甲方没能理解好这两个方案，所以被否掉了。3. 草图6、7我没有给甲方提出来，这个是被我否掉的，这两个方案已经偏离了二代干衣机的产品定位，所以没必要深入。

□ 落地方案草图

造型灵感来源于胶囊，形状圆润简单且便于收纳，甲方也对这一款比较满意，目前在和成员们探讨如何选择干衣袋的材质，如何更好地将衣物收纳进胶囊外壳中，且方便用户操作。

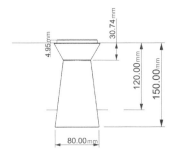

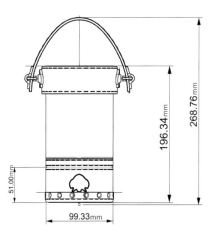

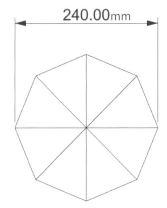

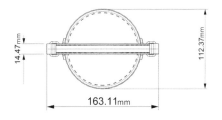

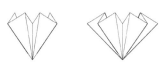

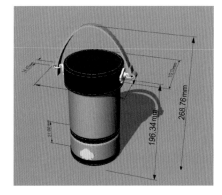

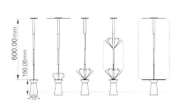

产品草模制作效果图 / 王丹纯 绘

干衣机设计手绘草图

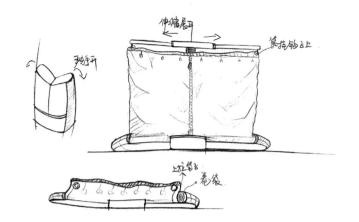

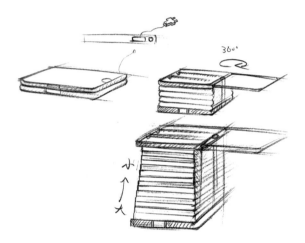

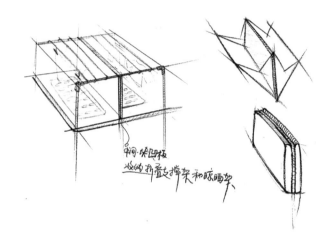

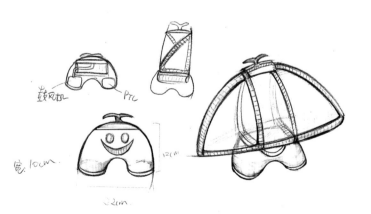

干衣机设计手绘草图

□ 效果评估

郭子清＞1. 干衣胶囊可像月光宝盒一样展开，胶袋向上拉，类似卷尺一样，一拉一挂固定好胶袋，一放一弹自动收回盒子里，轻松收纳好胶袋，因内部结构无法折叠，与同组同学方案类似，暂时放下。

2. 第二代设计方案和第一代的胶囊外形可以有一定偏差，形成设计的差异点。

3. 对于胶囊的内部空间结构避免了复杂繁琐的设计。

4. 外形无需太具象化，设计的故事和寓意与干衣机的关联性不大，主要突出产品的实用功能。

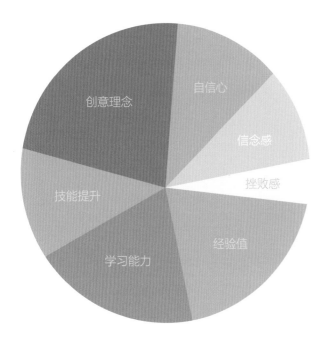

Ⅸ 攻坚成果

欧＞我们在实训中进行了在学校从未体验过的草模制作，把草模的每一个细节用简单的方法呈现出来，这样能在后期建模和做渲染图时理清设计结构的思路。用纸板、布料、剪刀、胶布来做初步的草模造型，也让我们体验了产品的实际体量，明白了产品尺寸在设计中的重要性，做出来的模型与在纸上写的尺寸感觉是截然不同的。我们向甲方客户提案的感觉跟面对学校老师又不一样。当我们向甲方提案时，他们大多会以一种商业落地的角度来思考这个产品的设计是否成熟可行，不像在学校那样大多数只限于做一些案头设计。甲方更多地会考虑设计的实施环节，用什么样的结构材料来体现产品的设计点，包括对产品设计感的体现，像我们初步提出的方案都会有一些不成熟的东西在里面，有些会偏向于工艺品，缺少市场产品的设计品味。

孔＞每个方案都有各自的亮点，如果甲方不满意方案的话，抓准比较明确的亮点继续深挖才能出好的设计效果。

王＞产品体现的设计感觉，体量上要综合考虑好，结构有一定的可实现度，同时做好成本预估，还要重点将产品的造型设计得更好看。

郭＞我觉得在草图表现中不能想过于复杂的造型，要符合大众审美和市场潮流的方向。针对母婴人群的产品设计草图，如果做那种偏可爱、卡通的风格，对产品的外形设计

个人测评（1~10分）

欧泽成 > 自信心8、信念感9、挫败感3、经验值5、学习能力8、技能提升5、创意理念5
孔达梓 > 自信心8、信念感9、挫败感4、经验值10、学习能力10、技能提升7、创意理念7
王丹纯 > 自信心1、信念感5、挫败感10、经验值5、学习能力5、技能提升5、创意理念5
郭子清 > 自信心5、信念感6、挫败感6、经验值6、学习能力6、技能提升6、创意理念5

要求自然会很高，不然会显得劣质、质量不高，偏可爱具象的设计会更多地像玩具类产品，相对缺少产品的概念表达。

Ⅸ 设计体验

欧 > 体现出产品的品味是设计的一大难点，方案的呈现要有完整性。草图稿也要有梯度性表现，多方位探索产品的各种外观与结构。找设计的参考图需明确想参考图片中的哪些设计元素，风格上是否符合我们的产品属性。在产品尺寸、体量上能够尽量精确，表达清楚结构，而项目的总体架构是设计的重中之重，外观次之。

孔 > 为了让设计弱化工艺品的感觉，强化产品的设计感，就要抓准整个方案的亮点或者价值点继续深挖，也需要舍弃一些非必要的元素。

王 > 给老师看制作的草模时，我们和老师即兴开展了一次头脑风暴，老师们也是脑洞大开，对我的方案提出了很多建议：包括需进一步优化的地方、确定产品的风格基调、产品全自动化的实现方式、产品结构参考等，还让我去找一下服装设计专业的同学交流一下布料应该如何更好地实现便捷收纳，跨领域的学习也是一种解决思路。

郭 > 我们在向老师或客户做提案时，有梯度地给出方案成功率会更高，这是在设计中学习到的。产品结构以易懂为佳，做得太复杂，制作成本就会相应增加。站在客户角度去考量每一个设计环节，让我们更像一个靠谱的准设计师，让产品向着可实现性、成本的可控性方面去完善，产品设计师身上担负的责任也越来越具象，让我们感觉到自己的工作价值与作用。

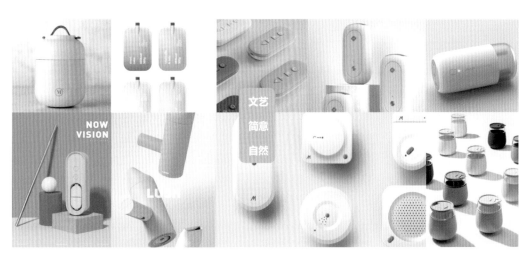

干衣机设计意向图

𝕏 技能解锁

欧 > 班主任许国栋老师给我们上了产品开发与技术实现课,他重点讲了产品设计中三个"流"的概念。首先是"事务流",是由产品原型到工业设计、结构设计、电控设计、模具设计,再到相关标准认证的事务流程。二是"价值流",认识到产品设计的价值,例如功能组合型产品要体现1+1 > 2的价值,或者着重于技术研发和创新的设计价值。三是"工具流",运用工具并在产品技术目标中进行分解。例如用 BOM 表的形式把材料分析、硬件以及测试还有整个设计进度都详细列出来。同时还要做好逻辑上的梳理,寻找问题的关键因素。与别人做设计沟通时要形成统一的认知目标,做到以产品定义为管控理念,对设计结果负责。张庆图老师给我们上了"产品销售力创新"的课程,对线下与线上不同的销售模式做了重点讲解。

孔 > 在建模时造型设计一直不过关,然后改了很多次造型,这段时间运用了以前所学的知识点,重新熟悉起来。在渲染的时候因为没有达到想要的效果,请教了同学和公司视频组的师兄,最后总汇报的渲染图有70%都是我负责制作和调整的,自己对这部分最后的效果还是比较满意的。

郭 > 在孵化营临近结束的后半段时间里,我们要完善好设计方案和PPT,最后和导师确定方案时,我才明白方案的成熟性、可实施性决定了设计是否符合落地要求,简单的造型也有一种简约美;在渲染产品使用场景图时,尽量加入有人使用的场景画面,可以让人更清楚产品的

体量;多上网看优秀作品,不要过于自我,先学会从模仿中学习。

王 > 设计给我的真实感受是:1. 如何理清整个 PPT 的思路。2. 如何深入方案。3. 怎么排版更能表达好自己的产品。

𝕏 客户访谈

[甲方] 欧 > 干衣机的结构设计要巧妙,外观上尽量小巧时尚,适于家用与外出携带,还要根据草图和草模尺寸需求调整实体模型。

孔 > 方案需要和前面的调研部分关联上。渲染的效果图能体现产品的使用状态,避免那种花哨不实用的效果图。PPT 要按照产品调研、产品定义、设计方案这三部分来整理好逻辑思路。

我们按照甲方给出的要求来整改方案的造型和具体细节,并把花哨不实用的渲染图删去,重新做了使用场景的效果图。PPT 经过整体重新排版,理清了思路,内容部分则按照新的设计思路和逻辑来调整。

郭 > 在方案的呈现中要体现产品比例的完整度,外观上要考虑到工艺和工程技术方面的问题,设计元素要恰当适用。

[设计方] 王 > 我在设计实训中学会了陈述设计方案,把

◢ 能量指数测评

欧泽成 >（ 自信心9、信念感9、挫败感1、经验值8、学习能力8、技能提升8、创意理念7 ）
孔达梓 >（ 自信心7、信念感8、挫败感6、经验值8、学习能力8、技能提升9、创意理念7 ）
王丹纯 >（ 自信心5、信念感6、挫败感9、经验值6、学习能力5、技能提升5、创意理念5 ）
郭子清 >（ 自信心6、信念感6、挫败感4、经验值6、学习能力6、技能提升5、创意理念6 ）

产品的亮点、结构、使用方式表达清楚，总结了以下4点心得：1. 多方位展示。2. 采用产品体验的小动画来展示。3. 用模特代入使用场景。4. 提供产品场景使用图。

⫞ 试错方案

☐ 设计方向

"晴天盒子"式干衣机的设计概念 > 产品特点：1. 圆润感的外观造型，上、下两部分是对称的。2. 底部的平整造型。3. 出风口的位置和长条形渐变纹理的外观设计是产品的亮点。4. 打开使用和平时收纳的状态体现了产品的设计感。5. 开合结构模仿了笔记本电脑的屏幕设计样式。6. 渐变纹理的细节处理为产品增色。7. 偏向于国潮的设计风格，出风口使用了窗棂的设计元素。8. 减少了使用操作的流程。9. 多边形外观造型，打开后营造出小船的形态。10. 拉杆提手在整个产品的外部，简化了使用步骤。不同的渐变纹理有圆形、圆角矩形、三角形、波浪纹等多种变化。

☐ 实施方法 + 执行效果

欧 > 设计工具有 Rhino6、Keyshot、Photoshop，主要应用于前期模型制作和后期的设计调整。

☐ 设计重点

郭 > 简化设计元素，提炼关键元素，找参考图去了解一个简约型产品的元素如何运用到产品上，再回到设计方案加以合理运用，形成一些有价值的设计启发。

⫞ 攻坚成果

欧 > 我们在设计实训教学中学到了一些很重要的经验。1. 设计思维的每一步要紧扣下一步。在前期需根据用户需求，进行深入讨论，务求得出尽可能精准的设计定义，后期的设计方案才能打动客户。2. 在做产品效果图渲染时，尽量参考一些好的效果图，可以大大节省渲染的时间，达到预期的画面表现效果。3. 制作实物草模能够辅助设计建模的尺度把控，包括对产品的各个结构也能真实地去体验一下接近实物的感觉，有助于进一步推敲和完善设计细节。

孔 > 我们在一次次的尝试中，在软件运用技能方面也大有长进，设计逻辑方面的思考也越来越清晰，考虑的问题也相对更全面一些。感觉做产品设计真实项目的确会有压力，压力之下也有能力的飞速提升吧。

王 > 1. 用相应的场景去展示产品，如放在台面、地上或是悬挂来展示，以更贴近用户使用的场景设定。2. 现场将草模与模特的使用结合起来拍摄宣传片，更有生活情境感。3. 以短视频演示的形式为产品设定故事画面，全面诠释产品的视觉与内涵。

郭 > 外观设计、建模渲染和排版是在最终方案确定之后完成，外观设计元素的合理运用、整体的产品感、结构设置、线条的比例和位置都需要进一步完善。渲染和排版时，要根据产品外形来定义画面场景，每一个元素的运用都要有理有据，不能凭空乱加或没有总体的规划。

欧泽成 > 技术路径产品化，不放过每一个细节。

孔达梓 > 做设计的前提是有一个健康的身体，适当的休息是很有必要的。

郭子清 > 不要总局限于自己的风格或自嗨，要学会先去模仿，模仿成熟后再形成自己的风格。

王丹纯 > 多想想产品实际使用时的场景是什么样子，你才能朝着正确的设计方向去走。

∏ 设计体验

欧 > 做设计小组的组长，需要与组员建立统一的认知标准，对设计的优劣达成共识，总体管控工作任务的执行进度，多想办法克服遇到的各种问题和阻力，有时要让组员互相多打打气，调整好状态，作为组长还需要对团队的设计结果承担责任。

郭 > 我们第一次做真实的设计项目，一方面从学习模仿起步，自我表现的意识可少一点，多一点团队互助协作的集体意识，等想法、眼界和思维成熟后，再考虑去发展形成自己的设计风格。另一方面，设计的逻辑性思维真的很重要，一个 PPT 提案要始终围绕产品的定义，包括结合用户、产品、场景等去作提案深化。

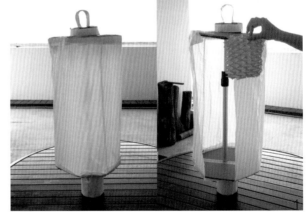

Ⅸ 草模实验

□ 教学观察

设计思路：小组成员在此阶段需要充分调动集体思维把握设计方向，理解导师讲解的方法和要义，在实施过程中学会发现问题，并提升变通与创造的潜能。

解决方案的引导：通过草模的量化实验，寻找解决问题的最优方案，以及探寻设计灵感的路径。

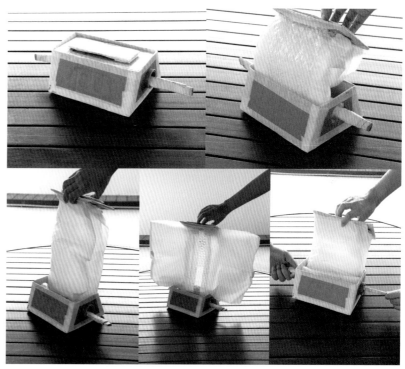

草模实验过程（设计者：1.王丹纯　2.欧泽成　3.郭子清　4.孔达梓）

欧泽成 >

实训目标

东方麦田提出的9大设计节点，每一设计过程可形成闭环，通过得出小结，来推动下一节点的进展，最终实现精准的设计。每一个节点的闭环流程，最终合为一个大的完整闭环设计过程。

课程实训特点

导师在每一个节点提出参考意见并加以引导，以开拓学生的眼界与知识面。以丰富的职场经验及专业技术指导让学生得到全方位的知识与技能体验。学会从商业角度评价设计产品，注重产品细节以及技术的实现可能性，强化产品的落地性。

学习经验

1. 设计思维：步步紧扣。在前期根据用户需求，明确设计定义。

2. 渲染制作：以成品渲染参考图作效果示范，节省团队的制作时间，不断调整从而达到预期的设计效果。

3. 制作实物草模：中、后期建模阶段，导师会辅助学生建模，用草模制作出产品各个结构的具体尺寸，让草图稿以

产品草模设计实验过程

更为具象的形式立体地呈现出来。

4. 用户调研：我们学会从一些基本问题慢慢深入到一些比较关键的问题，逐步深挖用户潜在的需求和痛点，综合分析的面会越来越宽，数据也会更趋于精准。

5. 设计框架的基础：在整体设计理念的框架下着手去做设计，可以避免盲目地消耗时间。

6. 清晰设计的节点与方向：在东方麦田导师的带领下，我们将整个设计的基本链条都了解和学习了一遍，对设计的每一个关键步骤有了一定的了解，回到学校以后我们也能按照这种工作模式合理规划自己的设计方案，会更多地考虑如何执行并实现设计。

学习感受

设计的气氛：东方麦田融洽、友善的团队工作氛围，开放的企业文化，友好平等的上下属关系，让我们全程都比较放松和融入。对产品设计各环节的关系及工艺、模具等问题都收集了大量有益的信息，让我们关注的知识点更加全面，应用起来也会更加实际。

□ 9月4日

早上我们到了"火星"会议室，许国栋班主任从我们第一天到东方麦田绘制的设计小测试方案中，挑选了几位同学来分享方案，从同学们的分享中归纳出一些问题，并综合成设计要点：1. 抓住核心点，并学会运用这个核心。2. 带着疑问去上课、设计，然后去听，去思考。3. 时间分配，围绕设计目标学会压缩时间。最后，广轻工学院的罗冠章老师着重指出了我们方案中存在的不足之处：1. 讲述方案的逻辑不清晰，要从标题到定位、问题点、灵感来源、草图、方案及最终呈现进行完整讲述。2. 设计亮点和记忆点不够突出。3. 演讲方案的设计稿需尽量面向观众作演示。4. 分享方案还要表现得更加主动、活跃一些。5. 要多看设计网站，建立自己的设计素材库。

接下来许国栋老师同我们一起探讨了本项目产品的设计需求，针对我们的调研报告，提出了4点建议：第一代干衣胶囊的PPT文件分为市场分析、用户调研、产品定义、产品设计四个部分。第一，市场分析。主要针对产品现状、功能结构技术原理以及发展趋势。第二，用户调研。企业方采用有偿调研的方式分析了大部分用户，需要记录和参考这些数据和信息。第三，产品定义。主要从使用场景、产品风格和产品架构来综合分析得出。第四，产品设计。最终的效果图要集中体现产品设计的核心理念。

要"准确"地把握干衣胶囊产品的设计点，就要尽量把产品规格、风格及架构都弄清楚，把设计限定在一个小的框架范围内，以减少设计的偏差与错误。

许国栋老师作为项目的甲方，代表他希望我们的设计是一个小型轻便的、使用起来更简便的产品，他给我们提了两个设计方向给我们，一种是一打开就能直接使用的干衣胶囊，另一种是可放置于桌面采用吹风式干衣的形式，或是抽拉式的干衣形式，供我们参考。

用户痛点主要集中在原有的一代产品存在一些插线的收纳问题。风口安装的袋子卡口在使用时会不太方便，缺少人性化的设计。老师同时跟我们明确了设计项目的跟进流程和时间表。

设计流程主要分为4个阶段，先是做产品定义（3天），第二是绘制草图（3天），第三是外观设计（7天），第四是手板设计（会延续到课程结束后的时间来跟进）。

我被推选为这个项目组的组长，需要做项目执行的详细时间表，并负责项目的总体推进。

下午，针对如何准确了解客户需求，赵坤老师给我们上了"商业设计是解决问题和创造价值"的专业课。在和客户沟通前要先整体了解甲方的各方面信息，包括制造能力、销售渠道特点、品牌调性和企业价值观等。

调研问卷上尽量了解客户方目前产品的市场情况，主要包括销售中体现的市场需求和用户关注点，再是了解客户方直接的竞争对手和竞品的情况。

我们需要尽量引导客户聚焦设计需求的关键点和实际痛点问题。综合已知产品尝试深挖客户的明确想法，提案上呈现梯度式的不同设计方向，同时抓住每一个方案不同的设计亮点或有突破的点来汇报设计方案。

□ 9月5日

今天正式开始调研，刚开始调研还是有点不适应，因为我们差不多有2～3个月没接触市场调研了。我作为组长，其实并不比其他组员有更多头绪，也不知道怎么来做好调研分工，心里乱七八糟的。为了摆脱这个困境，我打开了第一天做的时间表，把具体工作安排捋了一遍，让组员分头进行各设计环节的标题细化，细化到如何执行和解决问题，提案标题需要更具体形象化，有一定的可实现性，每个总结性标题最好用图表来呈现，如饼状图、对比图、坐标图，这样能让甲方直观地了解到市场上所缺少的产品，我们再从这方面去补缺、去深入。

□ 调研 PPT 发布 / 9月8日

今天是调研报告发布的日子，为了发布时能表现得更自然一些，昨晚我反复看了我们的调研报告，早上也和组员们演示了一下，准备好了所有工作，并信心满满地按照林栋联老师以及其他有经验的设计师所指导的方法去汇报演示。在报告过程中我有点紧张，讲完后林老师提出了几个重点修改建议，以及接下来的时间安排，让我理清了设计方向。

还好在发布汇报前我做了比较充分的准备，一直给自己暗暗打气。汇报过程中有位老师提了一个竞品架构的品牌，我没能回答上来，感到有点失落，看来在知识面上还要多注重平日的积累，才能在小细节上做得更加全面。调研

PPT 中各小点的逻辑卡位也很重要，如果中途出现卡顿，往往是因为这里的表述逻辑上还有问题，所以以前在学校为了凑页数做 PPT 的心态要改变了。以后真实面对客户时，小的表现瑕疵都可能影响提案达到最佳效果和项目的整体实施。

□ 与老师会面 / 9 月 9 日

下午，广轻工的杨老师、廖老师和我们沟通了项目进展的一些实际问题，还有接下来的实施工作。老师比较担忧我们设计思维的局限，因为我们描述客户需求时重点强调了干衣胶囊的使用方式，最好是一拉即用，虽说这种方式是可以，但老师希望我们有更好的产品形式，能超越客户的期望值而带来惊喜效果。

让人意想不到的设计是更值得去努力的，突破常规设计尺度的同时又能满足客户需求，那最后的中单希望肯定大很多。

□ 头脑风暴

与老师会面完后，我们小组做了一次头脑风暴，讨论的主题是如何优化干衣胶囊的使用步骤，组装拆分不便的地方主要在哪里，以及使用方式的其他可能性。汇总的设计核心关键词就是：1. 使用步骤少；2. 颜值高；3. 功能整合。

这次头脑风暴，我发现自己的发散与想象力有限，不敢深入去想、去思考、去寻找更多的设计可能性。这个问题出在哪里，我感觉是自己缺乏知识储备，之前做设计常常是找一大堆参考图，并没有深入理解那些参考图的内涵并提炼出关键的设计元素，导致后期的设计思考和探索缺少专业支撑。大脑的活跃思维对设计很重要，回想起自己做设计的初心，希望接下来自己能找回当年大胆敢想的设计状态。

□ 草图阶段 / 9 月 10 日

9 月 10 日是教师节，祝一直陪伴着我们实训的老师节日快乐！早上，我们依然在草图中苦苦地寻找破解的设计之法，A4 纸上天马行空的图稿堆了好多。有趣的是，我们的想法都不约而同地聚焦到了一起，大家都抢先说自己的新发现，最后是英雄所见略同。然后我们开始了"彩虹屁"式的各种吹捧，谁陈述得好，方案演示就归谁来负责。

□ 班主任会议

下午班主任许国栋老师一上来就直奔主题，向大家提了 3 个问题，让我们在小组内讨论，并需要在 3 分钟内描述问题：1. 分析产品定义；2. 学到了什么；3. 遇到什么问题。

我们在各自的描述中顺带了一些吐槽，将让人头大的问题抛给了老师，希望跟老师进一步讨论方案，能有新的进展。

许老师不愧是我们的大救星，他超强的逻辑分析为我们拨开了迷雾一般的设计困境：1. 在描述产品定义时，要简单明了地说清楚产品的主要用途，包括项目的设计背景和出发点。2. 要抓住客户想要提升和改变的点来展开设计解

题。3. 最好设计能超出客户的期望值，大量的实践探索与分析是必须做的功课积累。4. 围绕设计点优化产品结构，多去试用产品才能发现问题。

□ 参观美的南沙工业园 / 9月11日
早上公司临时安排我们到美的南沙工业园参观，也让我们一直有些紧绷的节奏略有放松，可以暂且放下设计，去工厂实地去感受和体验。

美的公司的黄师兄带我们参观了美的公司先进的管理系统T+3、T-4，这是美的公司最大的产业亮点。在此系统管理下能在12天内完成从订单到收货的全流程。工业园的生产流水线也让我们大开眼界，机械手臂式的作业模式极大提高了流水线的工作效率，但有些难度较高的动作还是采用人工操作的方式，以减少机械手臂构件的维修成本。

□ 产品策略
下午我们上了产品策略课，课程重点是产品策划、产品价值、规模增长（品牌需求）、开发产品的需求等。产品线策划需从产品销售出发，通过技术功能的研发来实现产品的竞争优势，市场职能主要从销售、资金、技能等入手，找到合适的出口渠道。

□ 用户访谈
下午4点，我们模拟了用户访谈的场景，总结和理清了一些问题和思路，真实访谈中的问题由基本信息到一般问题再到深入问题，基本上较全面地了解了用户的情况。

□ 9月12日
早上我们约了两位用户在"普罗旺斯"会议室进行访谈，并提前做好准备：视频摆拍位置、安排小组成员各自的工作位置。第一位用户是有一对双胞胎的母亲。我们从双胞胎这个话题切入，访谈的过程很顺利，也掌握了不少平时不大关注的点，抓住这些问题点再作深入了解，最后可以清晰地进行归纳和提炼总结。

第二位用户是一位男性白领，他经常有出差的工作需求，我们想重点了解他在差旅中住酒店的晾衣过程。不断深入他讲述的场景动作去复盘，挖掘出用户的痛点。

□ "产品定义"专业课
今天我们与广轻工的老师会面，老师说我们的精气神整体都还不错，我们汇报了小组发布提案及目前实施的进度，包括用户访谈的收获。

下午刘诗锋董事长为我们讲授了一节"产品定义"专业课，他总结了许多新鲜的设计观点和大量的数据链，信息量非常大，也有不少是成功落地的案例，我们了解了如何在市场调研中去着手抓重点，每一个步骤都有一个小节点，形成小的闭环，然后各个小闭环组成大的闭环，让接下来的设计都有据可循，同时有充分的逻辑思维支撑。最基础的设计造型我们要做得更扎实，提案才不会显得单薄，具有经得起推敲的专业说服力。我们尝试着跳出设计看设计，跳出行业看行业，这样设计的视角才能有所拓宽。

□ 产品灵感与推敲 9月15日

林栋联老师为了给我们提供更好的专业培训，又讲授了一节"产品灵感与推敲"课。他说设计是有目标、有边界的，设计师需要在方寸之间尽显实力。产品定义是逻辑思维和行业实践的沉淀，设计就是执行产品定义，产品设计就是为产品定义服务的。

设计包括外观与结构，好的设计师在完成外观时已经完成了80%的结构设计，所以产品设计师要懂结构，多去看、摸、拆，体验产品的细节结构去找灵感。设计定义是框架，从设计框架再推导出产品的调性。灵感是从记忆中的产品形态调用出来的过程。形态靠积累，调用出来的灵感需要实施的过程，平时多去分析，练习探索各种思维与创意，对设计都是非常有帮助的。

做设计推敲的点包括产品的形态外观、交互、比例、材质与颜色等各方面，不同的点会各有侧重。

在设计的阶段性总结会上，每个小组的设计侧重点都不一样。我们的提案要突出设计的核心点，干衣胶囊如何简化使用步骤，第二代产品的设计目标是简化到6步完成使用操作，这对我们来说也是有挑战性的设计尝试。

□ CMF 课 / 9月16日

上午11点，梁智坚老师给我们讲授了一节比较特殊的CMF课，这是一种全程沉浸式的互动教学，老师带我们感受了各种产品表面的工艺材料与颜色，每个人去试摸和触碰产品，还展示了公司的各种设计材料样板，有些材料一套价值就达百万，包括透明材料的透光处理、嵌入电路板的特种材料，还有让专业人都向往的那套 PANTONE 色卡，一小本色卡竟然价值几千元。

这节课对我们来说如同一场及时雨，正好对设计中要用到的材料有了更直观的了解。老师布置了一个作业，让我们了解了在电视、冰箱、空调、洗衣机4类产品中去了解行业最新的 CMF 设计，进一步加深产品印象。

下午，我们终于可以全窥东方麦田的超级生产工厂，从开模到生产，工艺的高科技技术，让我们了解了在课堂上一直搞不清楚的模具常识，师傅还为我们现场讲解了各种复杂的模型出模方式，在第一线生产车间最能直接清晰地观摩模具、产品出模的全过程，算是解开了我们许多的疑惑，这一次参观让我们在大脑里储备了更多有用的形象认知，收获也是很大的。

□ 看草图线稿 / 9月17日

早上我们找老师看设计草图的线稿深入过程，但我还是漏了一个重要结构：干衣机伸缩杆的撑起与内盖的连接，这是方案里必须解决的重要结构点。

我一直在考虑有没有基础撑杆是比较短的，因为这个方案中产品外形尺寸是23cm×9cm×9cm，所以基础撑杆的垂直高度计算下来最多9cm，横向放置的话可以达到11.5cm，除了横向结构，还有一个翻转结构比较难攻克。

我们预想它撑开后的高度会达到60cm。

做草模：为了攻克这些难题，我们打算通过做草模去模拟产品，便在老师那里拿了很多材料开始着手做草模。一开始一大堆材料堆积在那，看得我心里好乱，不过，组员们一个个井然有序地做起了模型，经过一个下午的努力，有些模型做得还不错，又给我带来了一些信心。

□ 草模制作 / 9月18日

今天重点是做草模，我们在学校还没接触过，在东方麦田做草模需要的工具和材料都有，这让我们能无所顾忌地做模型，一切进展得很顺利。

林栋联老师之前说过，在做每件事之前都要把每一步预想好，多想少做可以节省成本。我把模型的每个尺寸、要达到的效果都先记录下来。有了前期的准备，到后面选用材料制作时，便能一步步组合成自己想要的形状。

下午，草模都基本完成了，我们真实体验到了模型制作建模的难点，失败的制作经验以后还会有参考价值。通过模型的优化，我们也不断增强了小组的凝聚力，交流合作也更为顺畅。

□ 设计表达 / 9月21日

下午两点，梁志健老师从心理学角度给我们上了"设计表达"专业课，主要分析甲方选方案的心理以及如何通过策略应用来赢得甲方的好感。

选择产品，一般是感性与理性的综合作用。设计方与甲方的连接点是产品效果图，图文方面应当如何呈现呢？

老师建议我们做效果图时，最好先把产品的设计点按主次有序地作展示。在做产品渲染效果前，找一张类似的成品效果图，参考它的材质表现与展示角度的摆放，包括配色关系都可以借鉴。

下午我们去找林栋联老师，为我们的草模做评价。我对自己的草模外形不是很有信心，感觉外形比较简单，没有什么很特殊的寓意。但挺意外的是，老师看到我打开干衣机的袋子，眼睛亮了，并主动回应我的设计方案，那一刻我的心也定了下来，可以比较从容地讲解草模设计的一些细节，终于找回了自己的节奏。

□ 看草图方案 / 9月22日

早上，约了罗老师、周老师帮我们看草图的深化方案。老师说到我的草图时，认为草图表现得过于简单，缺少立体表现，细节也不够清晰。而且我的所有方案梯度设计都是一样的，没有其他方向，导致展示效果没有差别也缺少亮点，让会人不好作选择。

老师教我们去找类似的参考图，把外形的感觉先抓出来，并推荐了几种草图方案的风格，强调抓稳、抓准很重要，在极简的风格外观下，还要做一些小细节来提升这个产品的档次。通过这次草图方案讨论，我发现自己在这个环节的认真度不够，草图表现绝对不能草率，而应清晰展示设计想法，提醒自己每一步都要发挥出最好的水平。

□ 项目提案 / 9月23日
今天早上，我们定好了与企业老师做一次真实的项目提案。因为我们的 PPT 提案准备得比较仓促，在讲述过程中有些部分还没有准备充分，所以感觉提案的内容既熟悉又有点陌生，出现了一些提案表述上的卡顿，语气上也较平。

这次给我的经验是：以后做提案一定要计划好时间，完成时间最好提前一些，以留下足够的时间来熟悉资料或预演，才能将内容展现出最好的状态，小组的设计才能在这一环节拿下好的成绩。

针对我的提案，企业导师想了解衣服的晾挂方式，我设计的伸缩杆位置是在中间，后面的衣服可能会比较难挂。企业导师会以产品落地的角度来分析提案中一些不成熟的点，讨论怎么去改善，还有方案本身的一些价值点，提示我们如何放大这些价值点。方案的展示还应有一些技术原理的参考图来说明功能架构，同时展示意向图与效果图，这样对方案的理解会更为深入一些。

□ 手板制作
下午，由企业导师李鲁给我们上手板课。老师说了一句令我印象深刻的话："设计评价，是推敲和改善设计的必要过程，要学会总结阶段性的优、缺点来推动下一步的设计。"手板制作是产品设计中很重要的一环，因为这部分也属于真正投入生产前的成本，所以对产品的要求有更高层次的考量，检查产品是否有不完善或疏漏的地方，都是非常重要的，这也是最接近产品实现的环节，我们得打起十二分的精神，以加倍的专业精神投入制作，掌握全新的知识要点。我们去工厂的实地考察也相对多了一些，碰到问题就会跟老师和师傅请教，并随时记录下来，尽可能完整地接收信息，回到公司进一步做好整理，再结合设计方案，看哪些信息有效可以进行实际应用。

郭子清 >

一个月的孵化营实训圆满结束了，短短一个月的酸甜苦辣，只有尝试过，才能让自己更充实，发现自己的进步。刚进孵化营时，我的眼界和思维都还是不够的，设计出来的产品方案感觉只是课堂上的作业，来到东方麦田才接触到真实项目，设计出来的方案都是往落地方面走，落地项目很讲究结构和可实施性，成本、材料等方方面面都要考虑进去，落地方案会更趋于成熟。

在孵化营里的各类课程，让我的思维始终跟着老师走，老师潜移默化地改变着我的思维和想法，让我在过程中有了更多的想法。在客户沟通课上，要学会在沟通过程中引导客户给我们提供更多的信息，让我们接下来所做的设计能更抓住客户的点，提高中单率；用户研究课上，一切的爆品背后都是紧跟消费者的需求来变化，全方位了解用户深层需求；在我们项目的实施过程中，项目导师每次点评方案都会让我学到很多新知识。前期调研中如何整理真实的用户问卷，如何问才能获得更多有用的用户信息，导师一步步地指导我们，让我的思路慢慢清晰起来，学会在用户身上找痛点，一步步地深入痛点设计并提出解决方案。

在做项目过程中，导师也会带我们外出参观，有专业技术人员为我们讲解和解答疑惑，让我们扩宽眼界，看到设计的产品在工厂车间注塑成型，真正做出实物来，可见设计不是随便想想、随便做做这么简单，要综合考虑很多因素，整个过程中要下很多功夫，才能到落地这一环节。

感谢这28天的学习，学到了很多，也结交了很多小伙伴和好朋友，能在这28天里和同学们在一起并肩作战完成项目，有福同享、有难同当，这是我终身难忘的一段美好回忆。

孔达梓 >

刚来到东方麦田的时候，我适应起来还是很快的。老师首先就给了我们一个初步的框架，然后我们按着这个框架去做调研部分的内容。在建模前，我们都进展得非常顺利，从市场调研、竞品分析、竞品架构设计到用户调研、用户访谈和用户线上反馈。印象最深的是用户访谈这个环节是我们第一次做，在学校是不可能有这么深入而正式的用户交流。

草图提案环节也比较顺利，没有深入细想，而是在建模外观设计时反反复复画了大约七八个方案，老师认可了两个方案，我深化了其中一个方案，包括草模，进一步确定了产品架构的可行性。在建模时，由于对产品的具体细节结构不够清晰，还有出风口、进风口的设置不够巧妙合理，所以导致了我后面整个模型的反复修改。这个修改我大概做了近十个不同的方案，没有一个是老师觉得比较满意的。

最后一周，最初基本都在调整产品的外观造型，其中有一版设计我个人比较满意，然后针对这一版设计稿做了渲染，将整个产品做成了国潮风格，但是企业导师还是不喜欢。而且渲染图效果也出了比较多的问题，图效没有很好地表达出来，只做出了一个产品的使用状态，画面整个看起来比较花哨，所以当天我就被老师批得有点惨，之后就花了一半的时间一直调整造型，但最终造型还是没有做到自己想要和喜欢的效果。28号晚上直到睡觉前，我都一直在床上想造型，目的是为了能够在最后的总结汇报会上展示我的设计成果。

回到公司重新尝试了一下我的想法，最终效果还是很不满意，自我反省了半个小时后我决定把自己的方案先放下，以团队方案的呈现效果为主，特别是在自己的方案不够完善的情况下，应尽可能地去给予其他组员更多的帮助。自己应是小组内软件应用能力最强的那一个，所以在建模上可以为小组提供更好的技术支持，包括渲染效果表现方面。我帮丹纯同学做了渲染和动画部分，还和子清同学一起理清了设计思路、调整了 PPT 提案文件，一整天下来的工作成果还是挺不错的。

总之项目小组各自取长补短，互相配合，每个人的表现我觉得都非常棒。

29号早上，我们上了一节营销方面的课，让我很直观地了解了完整的产品营销路径，为什么要做这种看起来浪费钱的宣传，这些其实都是产品的营销策略。

到了30号的提案汇报，小组决定由我负责最后的3分钟总结，其他组员则负责讲解 PPT，他们讲解的时候我就负责控制 PPT 的演示播放。

另外两个组的演讲效果都非常好，特别是第三个项目小组做良品铺子零食开发，以整个故事线的方式来讲解他们的产品。可能是因为我们组第一个汇报，产品效果图方面也不够炫酷，所以得票上低了一点，但内容方面还是得到了老师的认可和表扬。最后3分钟的演讲，因为我是第一次在这么正式的场合做汇报，刚开始比较紧张，之前背得差不多的台词，上台才讲了一句"大家好"就给全忘了，卡在那好尴尬，还好台下及时给我掌声鼓励，之后我讲的内容基本都是靠即兴发挥，最终还是比较流畅地完成了整个演讲。到了第二组的敏清同学，他比我还紧张，中间卡了好几次，第三组的倩怡同学讲得是最流畅的，他们的提案非常精彩。老师的点评都肯定了我们这20多天的努力和成果，每个人的进步都非常大，在心里为我们欢呼一下吧——欧力给！！！

欧泽成 >

一个月的学习与努力终于转化出了成果。在东方麦田的孵化营完成了一个真实完整的设计实训，东方麦田把整个设计实训分为9个阶段，每一阶段都很重要。通过这次准设计师培训教学，大大地拓宽了我们的眼界。东方麦田的专业导师实战经验都非常丰富，专业水平比较强，技术知识全面，总是从更多维的角度帮我们分析讨论产品设计提案，包括产品的尺寸比例、技术的可实现度，他们会比较偏向产品的落地性。在东方麦田，我们会不自觉地把自己当作是这里的员工之一，开放的交流氛围，让我们在实训期间受到潜移默化的影响，了解了很多没有见过的工艺和模具，包括对整个设计的基本链条都体验了一遍，这种教学更能对接今后我们走上社会的设计职业发展方向。

王丹纯 >

啦啦啦，一个月的麦田设计之旅结束了，十分不舍得，最后我们经常说不想回学校了，想留在东方麦田公司，这里有好多吸引我们的东西，能激发出我们更多的创作潜力。

和真正的设计师坐在一起，我们也是即将走上社会的准设计师，看着他们做方案，我们也在做方案，默默对比两种不同的工作节奏，他们都在做些什么，如何安排的，如何度过就业后的每一天的。东方麦田的设计师在工作时间方面会比较自由，但需要在规定的时间里完成既定的工作任务，节奏也是比较快。像我们可能就做一个项目，但他们是同时进行着好几个项目，那就很需要注重自己的时间规划了，只要前面的工作没有完成或延迟都会影响到后面的设计落地。

仈 时间安排

在东方麦田我们不单单只做项目设计，期间老师还会给我们上各种专业课，课程跟我们的项目节奏都是环环相扣的，每天的课后作业也是根据项目进度来布置，可以同步学以致用。每天如何同时做项目、汇报、上课还有写作业，需要争取时间自我学习，时间的规划上只要自己一松懈或没有安排好，节奏一下子就全乱了，什么都会做不好的。

当然，这期间也感觉到自身有很多不足。我们做的项目是准备落地投产的，所以接触的知识面会很广，例如 CMF 颜色、材质、工艺，包括产品如何落地，前期还需具备市场的洞察力、发现问题的观察能力和换位思考的能力，进行思维方式的各种拓展。总结下来，主要需要提升的地方在于：

1. 调研的整个思路，逻辑要清晰、顺畅；

2. 产品表现的技法，如手绘、板绘、PS、AI、犀牛、KS 都要尽可能全面掌握；

3. 演讲能力、语言表达能力、文案水平要做实际训练。

在东方麦田上课时因为课程的信息量大，有时会把自己听懂，时常会有灵感的启发和设计震撼的点。

经过近一个月的历练，我们终于可以说："大家江湖上见，下一次见面必须得是更好的我和更好的你哟！加油吧，兄弟姐妹们！"

欧泽成 >

Ⅱ 设计师的全方位训练

参加此次准设计师训练营,不仅能体验整个产品设计流程,还有专业导师为我们讲解每个流程的细节,这次训练营等于把我们在大学的学习推到了一个专业实践的至高点,让我们看到设计的顶层是怎么样的,然后我们再重新从基础做起。感觉自己的思维变得更开阔了,做设计会首先去考虑更多相应的标准和条件,定好框架设置,尽可能做到精准设计。

作为一名即将走出校园的准设计师,需要有比较强的心理承受能力,有产品经理的设计思维,还要有合理的时间规划。专业技能方面就是手绘技术一定要练好,设计师的手上功夫差别最大的就在于手绘。

30天的准设计师体验和学习中,我们小组在做后期渲染效果图时请教过东方麦田的设计师,他让我们找一张类似的产品效果参考图,再根据自己的设计需求参考画面的材质或场景,这样可以做到快而准地画出图效,并能够节省大量的制作时间。

期间最困难也令我印象最深的环节应该是调研阶段。以前我们在用户调研的时候,得出的有效信息并不多。在这次企业实训中,我们接触到真正的用户调研,体验后感觉收获了很多经验,也改变了我们平时的调研方式。

老师除了课堂上的教学还常带我们去实地考察,参观了模具厂,才让我了解到没有什么模具是出不了的,只是成本的问题,这与我在学校了解到的不一样,一些出不了的模具可以用滑块来做。在设计创意阶段,我大多数习惯于去了解产品的现有技术,了解用户需求点,思考产品原型架构,头脑风暴,推敲方案。

在此次项目小组中,我担任小组组长,负责项目统筹与工作分配。负责一个小组的工作需要投入很多精力,也需要有强大的心理素质,最大化地整合小组力量去做事情,这样才能更高效地完成任务。小组成员之间的人际交往非常重要,需要多站在对方的立场上去思考问题。因为每次任务下来,每个组员都会很累,心理没承受住就容易爆脾气,搞到整个小组的工作气氛变得更加郁闷,所以适当地疏导缓解工作气氛很有必要。

在讲座课及作业讲评学习中,感觉自己有待提高的是设计流程方面,需要尽可能地将设计方案考虑周全、详细,设计逻辑思维上还需要进一步提升。自己最想迎接的设计挑战是在设计方案的创作阶段:画超级多的草图,头脑风暴时出更多的想法,天马行空,无拘无束,最终能把自己的想法落地下来。

Ⅱ 感受设计与快乐生活

我个人觉得做方案要修改是很平常的,如果有自己要坚持的设计点,那可以继续坚持,但你的设计要有落脚点,能经得起推敲和考验。找不到设计灵感时，就去喝口水或上个洗手间，也许就有了灵感迸发的好想法。所以设计得不急不躁地慢慢来才行。

让自己感到最为担心或紧张的设计任务或工作是画草图、建模看图阶段。时间的规划上需要时常提醒大家所剩下的时间不多了，并预留出时间以防拖延。我对准设计师学习流程中最感兴趣的是用户访谈和头脑风暴，总能让自己比较有意外的发挥和收获。

Ⅳ 设计思维

此次项目，我们主要是通过市场调研、利用产品的现有技术，分析用户的需求点、思考产品的原型架构，再进行头脑风暴、推敲方案，到画图、建模和渲染制作。

通过30天的学习体验，感觉自己的设计逻辑思维还要进一步加强，非常需要知识的补给。中国好的设计师很多，设计思维很独特的设计师却很少。

在这个项目组学习体验后，感觉优秀的品牌需要更多的创新与想法，他们会与很多专业的设计公司合作，打造有市场竞争力的产品。

做产品设计师为品牌带来的可能不只是经济价值，产品设计还能更新行业的认知，甚至是改变世界，从而提高大众对品牌的认知度。产品设计师是一个可以改变世界的专业，

设计可以帮助人类向更好的生活迈步。

为客户和在学校做的设计，主要区别在于：为实际客户设计要更多地考虑落地的具体问题，例如尺寸、实现的路径、要运用到的技术、架构是否合理、有没有设计的价值点，思维方面也要很严谨。

Ⅳ 设计的自我提升与交流

平时我会有意识地去阅读一些设计书籍，像戴力农的著作《设计调研》，他在书中提到产品定义是整合设计阶段非常重要的一步，前期能精准地找到设计点，后期就会顺利很多，让我深受启发。

对于设计职业的个人发展，感觉未来做产品设计师的人可能会越来越多，设计行业的生存空间会压缩得很紧，更多地了解时代潮流可以有助于我们更新思维。当压力值变得越来越大时，设计师可能会熬很多个夜晚，这是我不喜欢的一点，如果没有好的身体又如何体验美好的未来？我比较想做产品设计总监，或者是自己独立创业做老板。平时看到一些很漂亮的产品图，我就会思考怎样做出那种画面效果。

在与客户、老师的交流中，按照他们的建议和想法会让我们做好设计调整，我们创作的方向。在关键的时候老师可以拉住你，引导推动着你不断前行。

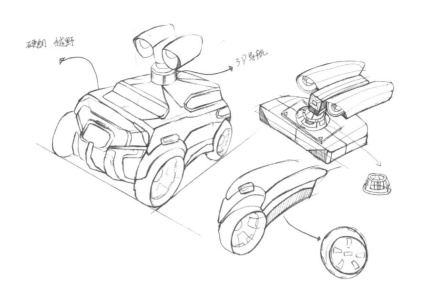

课案 2　巡检机器人

小组成员：企业指导 / 麦智文　　教师指导 / 伏波　周唯为　学生组员 / 庄锐楠　范敏清　李家豪　唐望

项目背景＞

本项目属于特种机器人改良设计，用户来自国家电网有限公司。

相对于其他项目，本项目已有成熟的技术平台，目标用户群和使用环境比较特殊，产品主要是由电力巡检站的相关技术人员在相对恶劣的工作环境中使用。

设计要点需基于现有平台和机器人外观同质化的市场现状，提出差异化的外观创意，优化巡检机器人的交互流程，使产品进一步适配于其使用环境。

教学目标

1. 设计一款满足电力巡检站的工作场景需求、外观创新的电力巡检机器人。

2. 在机器人的交互上优化其互动性，通过功能性的调整进一步优化机器人在恶劣工作环境中的使用体验。

教学要求

1. 师资要求：具备企业项目导师及设计师团队作为实战经验支持；校内专业老师全程跟进，进行设计理论和技能指导；同时还配备技术指导老师，负责为学生提供不同模块的技术支持以及产品落地生产的相关指导。

2. 场地要求：以设计公司作为设计实训场地；前往高新技术产业园、模具厂、工厂、线下市场等考察调研，满足不同设计节点的技术需求。

项目实施

1. 组员全面评测
2. 设置工作日程计划
3. 分工协作

设计节点	研究洞察	发掘需求
		目标定向
		市场研究&用户研究
	产品策划	下达产品设计任务书
		市场定位
		产品方向
	核心产品	构建产品策略
		创意发散
		产品定义
		原型制作及验证
	产品设计	寻求突破
		创意草图
		人机工程推敲
		CMF推敲
		建模渲染及场景应用
		外观模型制作

产品开发	创意呈现
	结构功能实现
	功能样机制作
制造服务	技术实现
	模具实现
	技术整合
推广策划	品牌策划
	推广物料设计
终端呈现	构建推广策略
	视频设计
	展示体验空间
价值传播	沟通体验
	品牌推广活动
	新媒体传播
	整合传播
	准确触达用户

STEP 1
研究洞察

研究洞察是产品设计的充分调研市场、进行多维设计前端分析的阶段。设计者在这一阶段需全面考察巡检机器人的造型特征、结构、功能配件、生产原理与技术，包括工作环境、使用流程、市场需求等，从而取得第一手的设计调研数据与资料。在采集信息的过程中学会发现与思考问题、掌握逻辑分析能力、综合解决问题的能力，能通过系统地研究与分析用户，准确判断市场行情，把握行业发展趋势，洞察用户的真实需求。

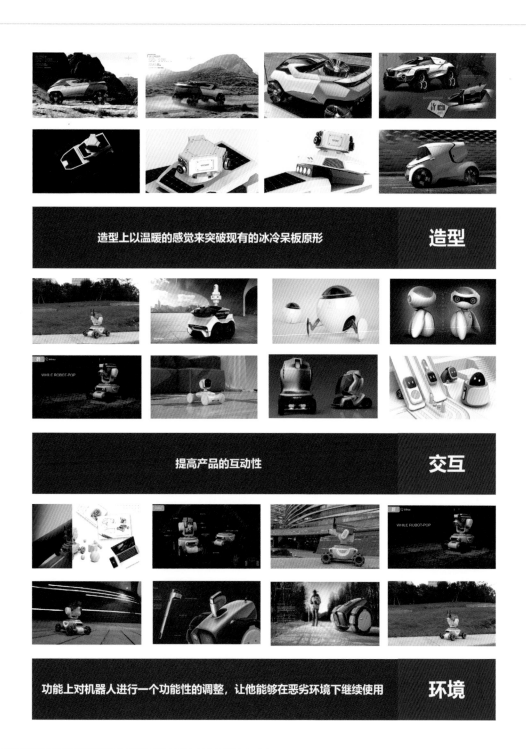

造型上以温暖的感觉来突破现有的冰冷呆板原形　　造型

提高产品的互动性　　交互

功能上对机器人进行一个功能性的调整，让他能够在恶劣环境下继续使用　　环境

◤ 教学观察

主要从5个维度对市场同类产品进行分析：
1. 品牌　2. 技术及功能配置　3.CMF　4. 环境　5. 产品调性　6. 市场份额

品牌分析

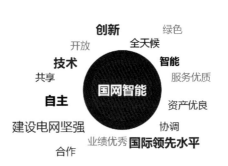

关键词：智能、自主、创新、技术、国际领先水平

巡检产品

电力巡检机器人

可以实现24小时不间断巡检，减少人力依赖，更安全；多功能巡检模式，巡检更彻底；仪表盘识别，确保设备运行安全；视觉识别，远程遥控，异常情况上报等

技术/功能配置方案		
开发级别	巡检机器人	
技术	激光　磁导航	激光导航＋惯导
功能配件	红外线探测、相机、导航、灯带、风扇、平板、驱动电机	
产品功能	1. 智能表计识别　2. 高清视频监控　3. 环境声音录波 4. 环境信息智能检测　5. 精确红外测温　6. 远程遥控指挥与应急处理 7. 自动绕障　8. 自主充电	
工作环境		

小结：

DNA： 以白色方块的几何堆叠设计为主

CMF： 白色（颜色）、ABS＋铝合金（材料）、手板制作为主（工艺）

环境： 工作环境相对恶劣

产品调性： 造型大多呈方块状，硬朗呆板无设计感、配色无明显特点

市场分析

各大品牌公司开始机器人业务时间：

一	成立时间	所在城市	机器人业务 开始年份	巡检机器人类型	其他业务
亿嘉和	1999	江苏南京	2014	室内/室外/隧道	带电作业机器人、安防机器人、数据采集服务与终端
国网智能	2000	山东济南	2000	室内/室外/隧道	配网车载巡检系统
申昊科技	2002	浙江杭州	2014	室内/室外	智能头盔、电力监测设备、配网电气设备
朗驰科技	2005	广东深圳	2010	室内/室外	消毒机器人、红外成像设备
国自机器A	2011	浙江杭州	2011	室内/室外	物流搬运机器人、安防机器人、自动分拣系统
七宝机器A	2014	江苏南京	2014	室内/室外	辅助监控系统
科大智能	2002	上海市	-	室内/室外/隧道	工业机器人集成、物流自动化、电网自动化
许继电气	1993	河南许昌	2018	室外	变配电系统、直流输电系统、中压供电系统、电表

小结：

1.国网智能于2000年就开启了机器人业务，也是最早开发这个业务的公司。

2.其他品牌晚于国网智能发展，但市场占比逐步加大，甚至跟国网智能持平。

巡检机器人的用户群体是进行后台操作的工程师，那么在进行用户调研时一般需要考虑如何辅助工程师完成巡检工作，工程师是怎么使用的、使用过程中满足了工程师的哪些需求等。关键点还在于面对变电站这一使用环境，如何通过设计克服天气恶劣、情况复杂等影响因素。其次还要研究各个功能的使用情况及相关结构的必要性，确保机器人能够更好地辅助工程师完成工作，解决问题并创造价值。

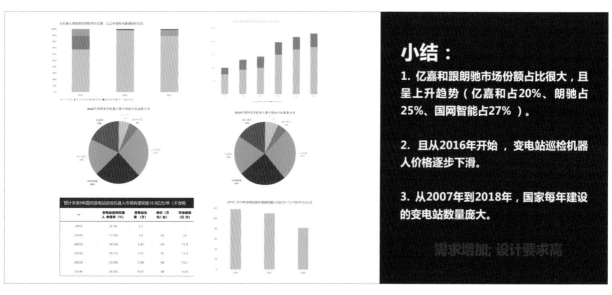

■ 国网智能产品

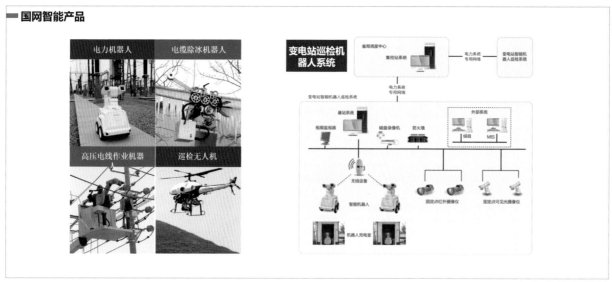

1.3用户研究

- **需求：** 突破性的外观、工程师的合作伙伴

- **操作过程：** 自动充电室 ➡ 路面 ➡ 自动巡检变电站 ➡ 自动归档

- **痛点：** 效率低、外观呆板呈方块状、易侧翻

使用环境：**户外、使用环境恶劣**

分析掌握产品使用过程中的用户需求点

使
用
过
程

小结：

工作过程中可以发现，国网智能的现有机器人工作效率低，外观呆板呈方块状，容易发生侧翻，且工作环境恶劣。

打破传统的几何堆叠设计，设计有特点的外观，可操作性强，辅助工程师工作，解决问题并创造价值。

产品策划是通过研究洞察得出综合调研分析结论，结合品牌自身情况构建产品策略，明确产品设计开发方向的阶段。学生在此阶段明确项目需求，根据市场分析总结巡检机器人的差异性结论，得出发展形态、功能性和交互性的产品设计方向。锻炼了学生的逻辑思维，培养了其策划能力，帮助设计者从需求向产品落地的转换。

竞品分析

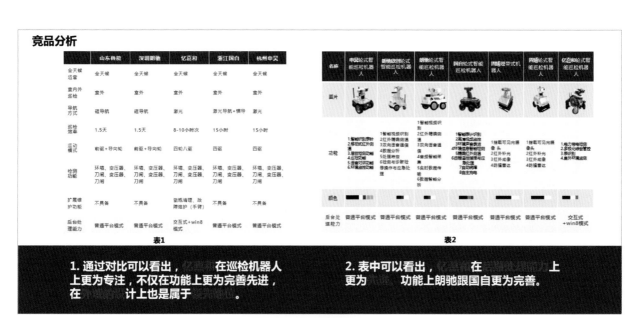

表1　　　　　　　　　　　　　表2

1. 通过对比可以看出，亿嘉和在巡检机器人上更为专注，不仅在功能上更为完善先进，在外观设计上也是属于。

2. 表中可以看出，亿嘉和在后台处理能力上更为，功能上朗驰跟国自更为完善。

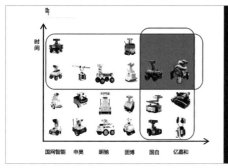

差异性：

1. 在外观上大多数品牌的机器人是以

2. 以及的机器人在外形上区别于其他品牌，有一定

3. 在功能上，相差不大，只有在有所。

4. 配色上国自和亿嘉和更丰富，其他的主要还是以白色为主。

1. 国网智能的机器人造型大多呈方块状，硬朗呆板无设计感、配色无明显特点。→ 造型

2. 在竞品中，亿嘉和的优势比较大，它不仅在巡检机器人研发上更为专注，在交互性和可操作性上也做了突破。→ 交互

3. 现有机器人外观呆板呈方块状，遇到恶劣天气时，容易发生侧翻。→ 环境

形态上可以突破一下几何形态的限制，配色上可以有更多的尝试，交互性和功能性上可以作为突破点。

STEP 3
核心产品

针对市场研究及用户研发找到突破点，确定产品定义及设计方向，并进行突破式创新设计，进行前期创意发散，提炼出有价值的核心创意概念，通过制作产品模型对其基本尺寸、空间、结构及操作等进行验证，保证产品的可行性。学生基于巡检机器人"造型""交互""环境"的产品方向开始进行创意发散。本阶段在于培养设计者发现问题、解决问题的能力，逐渐掌握概念提炼的方法，培养其创新思维和团队协作能力。

产品方向

造型　交互　环境

造型上以温暖的感觉来突破现有的冰冷呆板原形　造型

综合调研分析结论，结合国家电网自身品牌调性构建的产品策略，明确"造型""环境""交互"的产品设计开发方向，基于设计方向进行创新设计，提炼出有价值的核心创意概念。

产品定义

设计一款显得**不那么冰冷**的外观，对机器人的电机

进行一个**模块化设计**，让它更便于拆卸和维修，并

且在恶劣环境当中**不容易侧翻。**

STEP 4
产品设计

通过有效的设计流程，对确定的初步产品原型进行发散式的创新设计，运用快速手绘（计算机辅助）及 CNN 快速加工、3D 打印等技术对设计方案进行直观的呈现与展示。在此阶段，设计者对巡检机器人的形态、功能结构、CMF、人机工程学等方面进行推敲，通过草图、建模渲染、场景应用等手段综合表达方案的创新点和解决的问题。本阶段重点是锻炼和提升设计者的创新能力、设计综合表达能力及设计执行能力。

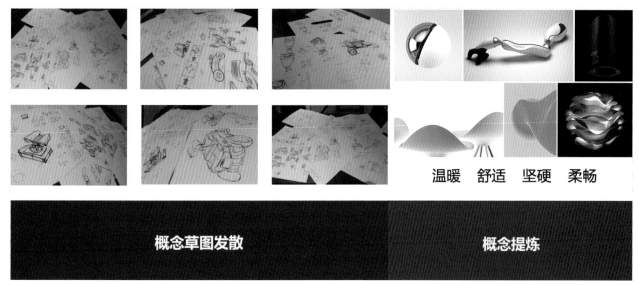

温暖　舒适　坚硬　柔畅

概念草图发散　　　　　概念提炼

创意发散

119

项目组学生们对发现的问题提出相应的解决方案，以草图形式进行表达，在此过程中进行形态、细节和各模块搭配的分析与推敲，经过头脑风暴法、集中讨论法，对手绘图稿设计方案进行汇看和优化后，得出完整的细化方案。

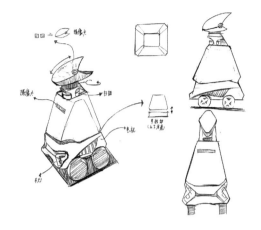

设计说明：关键词：科技、拟人

这是一款上下分离的模块化设计，能够将上下部分拆解开，方便维修。摄像头有一个内嵌式设计，红外线仪以及摄像头隐藏在主要的外壳下。

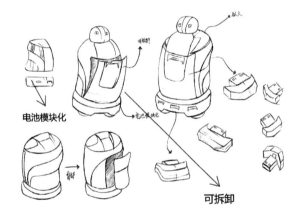

关键词：科技、拟人

设计说明：这一款是设计偏向于常规服务的机器人，部分部位可以拆卸，便于维修。

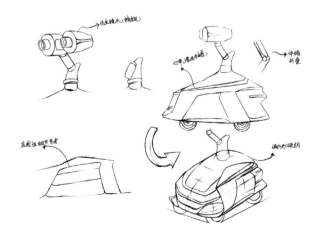

关键词：未来感、硬朗

设计说明：主要表现外部流线性的细节设计，丰富的几何体组合打破了原本大方块的堆叠状态式外观。蓝色为灯带，更增添了未来感。

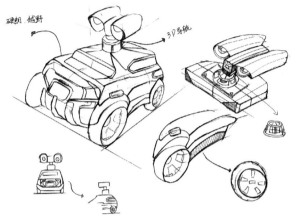

关键词：硬朗、越野

设计说明：根据巡检机器人使用环境而设计的一款比较硬朗的外观，以部分流线性线条来体现出造型的流畅性、越野性能科技感。

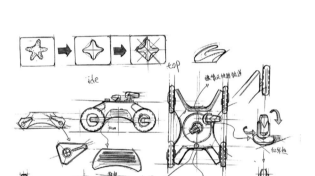

关键词：概念、稳固

设计说明：设计灵感来源于海星。主要能够起到在恶劣环境工作中加强稳定性的作用，外观上更加概念化，云台与摄像头做了一个轨道设计，摄像机与红外线仪分别可以搭载在两条轨道上，在遇到十字路口时，可以全方位地进行扫描。

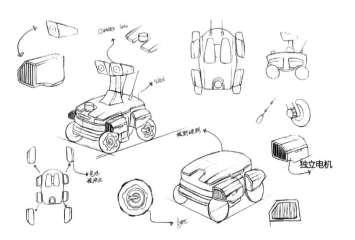

关键词：温暖、方便、稳固

设计说明：在机器人造型上增加了一些灯光的渲染，灯光可以随日夜交替作业进行开关设置。交互性方面，电机有一个模块化设计，方便拆卸维修。环境方面，车轮有一个重增加设计，遇到恶劣天气可以更换轮胎的重量，让机器人行动更加稳固，且能继续使用。

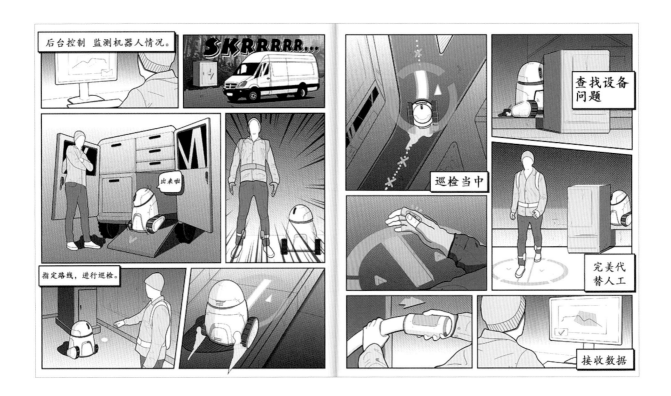

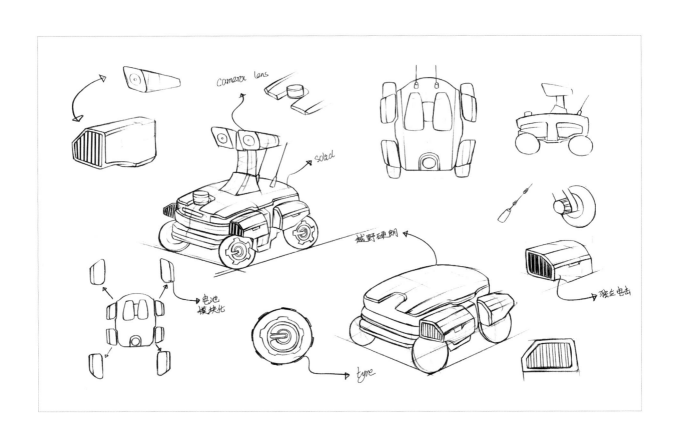

灯光酷炫设计

轮胎增重设计

电机模块化设计

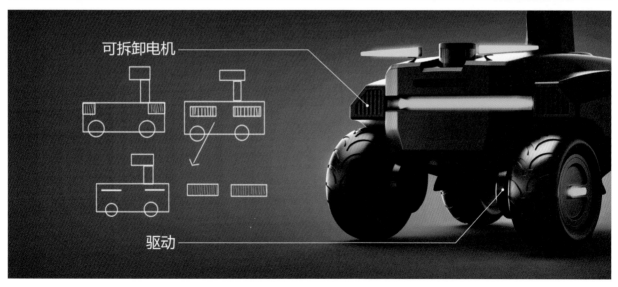

可拆卸电机

驱动

一切准备就绪，设计者可借助计算机软件（Rhinoceros、Keyshot、Photoshop 等）对选定方案进行效果图制作。制作效果图时，需要根据产品特点去合理构建使用场景，并搭配符合产品定位的宣传标语，展示最理想的设计方案，根据不同调性同步进行相应的 CMF 设计。

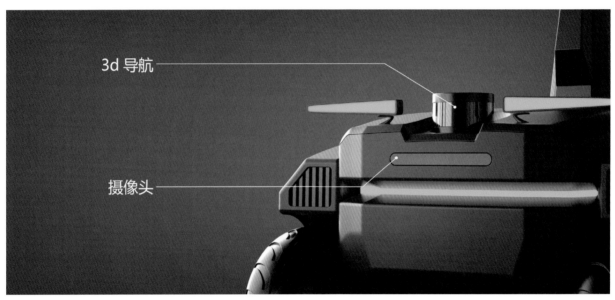

成果发布

教师 > 罗冠章

组织第二组沟通会议的企业导师是麦智文老师，东方麦田的设计导师整体感觉都很年轻，麦老师戴着黑色鸭舌帽，穿一件绿色 T 恤，一副又潮又酷的街舞范。第二组的设计项目是国家电网电力巡检机器人，结构原理基本已定型，主要侧重于产品外观设计。麦老师用项目前期的报告文件给小组解说现有产品的外观效果，还演示了产品的结构、活动轨迹与各种功能。

接下来同学们开始讨论对项目设计的一些构想：有提出应对各种紧急情况的子母款机器人设想，还有提出"设计是给原有功能机件穿上衣服"的说法。麦老师让大家自由发散设想，但也强调了一点——如果只把这次设计当成给产品穿衣服的话就太简单了，很可能最后出来的效果只是一个外观皮囊一样的设计。他希望大家从多个角度去思考设计的主题，尽可能多地提出创新性的设想。

同样，第二组也选出了组长，组长是锐楠，他是个很积极也很有个人想法的人。虽然他有些骄傲自信，但说起话来还是非常谦虚。他对带领小组团队还是颇有信心的。

产品设计进度表	
时间	
22号	完善方案
26号之前	模型完成
27号–28号	渲染出图
组内分工	
庄锐楠	调整PPT
李家豪	制作PPT数据
范敏清	手绘
唐望	建模

教师 > 周唯为

Ⅸ 五人组攻克机器人小组提案

9月20日上午9点，机器人小组在"巴厘岛"会议室进行正式提案前的最后一次方案讨论，相比以往，同学们脸上的表情也认真了不少，大家都很担心明天第一次做提案，心情激动又紧张。

每个人的设计提案方向都不大一样，也是为了让甲方有更多的选择：家豪做的是一体化的拟人风格；锐楠做了3种风格，包括了一体化、模块化可拆卸以及有越野车感觉的设计；敏清则采用了光带以及链条结构的设计；唐望设计的是一款仿生海星的跑车风格机器人，还提出了类似于战争机器风格的设计。麦老师觉得每个方案都有一定的切入点，他对唐望设计中的轮子部分提出是否可以使用"L"轮轴进行连接以便于实现轮子的设计，针对家豪云台的设计提出了可优化的形式。方案讨论后需要继续完善并修改PPT，任务比较艰巨，好在大家都还充满了干劲。

第二天上午10点，机器人小组开始了正式提案前的最后一次彩排，不过令我头疼的是，大家的方案仍然存在一些细节上的问题，草图的绘制做得也不是很完整。小组成员的心态开始有了一些变化：锐楠深有感触地说自己以前在班上都是最活跃的一个，现在却不太想汇报发言了；唐望一直在自我否定，纠结自己的设计能不能中单；敏清则一直比较安静，心态比较平稳。几位老师见状觉得有必要狠狠地给他们打打鸡血，讲清楚每位同学PPT需要完善的点以及一些现场提案的技巧，同学们开始有了些方向，也有了继续攻关冲刺的信心。

下午4点，在"普罗旺斯"会议室，机器人小组面向客户正式提案。麦老师在为大家调试好音频设备，组员们的面色似乎也有点小紧张。正式提案中，每位同学的精神都比平时饱满了许多，能够比较清晰地描述自己方案的设计和创新点。甲方客户给出的建议也很明确，他们对于一体化、拟人风格的机器人外形不作考虑，因为不希望产品的外形过于高大，而更倾向于越野车风格的设计，并重点提到了一些方案里在功能结构上的创新点，比如说电池的模块化设计。最后，麦老师代表甲方做了一个总结，并决定让小组合作优化一个设计方案，在唐望的设计方案基础上，摒弃轮轴公转的功能，再融入一些其他同学在设计功能上的创新点，例如轮子转向的设计上可考虑适用阿克曼原理去实现。

提案结束后，第二组成员又赶紧开会讨论了接下来的工作分工，并根据方案的调整拟定了一份比较可行的时间规划表，开始为完成设计做最后一周的冲刺。

教师 > 周唯为

Ⅸ 专业攻略：让你更准确地获取甲方需求

9月4日14:00—15:30，参加广轻工"工学商一体化"孵化营的学员们在卡点的设计工作节奏中抽出时间进行专业课学习。企业导师赵坤为大家带来一堂别开生面的"准确获取甲方需求"的课程，以空气净化器为课堂上讨论的产品。与客户进行沟通并了解客户需求是作为设计师所应具备的基本能力，就像医生看病首先要做好问诊一样，高效提升客户沟通的能力在于设计师对产品和设计流程的整体把控与理解，可体现出一名设计师的综合素质。同学们平常在学校也很少有机会接触到客户，可说都算是"小白"。

企业导师"宋总"作为虚拟的客户方，与同学们围绕空气净化器的产品开发进行全程模拟演练，担任"设计总监"的组员在现场金句频出，与"宋总"就产品的技术层面进行反复推敲，刚开始大家都有点不好意思，多几次互动后就开始有代入感了，甲乙方所关注的焦点问题在沟通中逐步清晰化。赵坤老师在模拟演练后对大家的沟通表现方式和技巧做了整体复盘与评价，由于演练是每位同学都有实际参与，所以看待问题的角度会有更多的换位思考。

/X 课程重点

□ 工业设计服务项目中的甲方乙方

商业设计的本质是解决问题并创造价值，价值包含了市场竞争力、品牌形象提升及用户价值等。甲方作为设计委托方，向设计师提出委托项目的目标与诉求，而作为乙方的设计师则需要对整个设计流程做到沟通、理解、确认和转化，最终以一个满意的解决方案作为设计呈现。

□ 工业设计项目需求沟通的基本内容

沟通的基本内容包括：产品、用户、市场和企业，涉及产品的属性、使用环境和基本配置；用户的认知、行为和潜在需求；市场环境、竞品趋势和销售渠道；企业的项目诉求、品牌定位和实现能力。

□ 工业设计项目需求沟通的常见文件

设计在与甲方沟通时，有必要利用一些文件形式，如项目任务书、创意简报、意向图等，可以提高跟客户沟通的效率，确保项目的顺利进行。

□ 工业设计项目需求沟通的常见误区

在与甲方沟通的过程中，双方难免会在认知、理解、梯度上存在一定的偏差，这便要求设计师做到换位思考，从清晰目标到了解对象，有范畴认知及设计预判，从而达成有效沟通。

□ 工业设计项目需求的聚焦

工业设计项目需求的沟通过程包括理解信息、获取信息、分析信息和确认信息。赵老师结合案例，做了一个课后随堂小测验，同学们纷纷奋笔疾书，整理汇总自己所理解的和还不够理解的知识点，列在考卷上。与甲方沟通是整个设计流程的第一步，大家在一步步地向准设计师靠拢，争取把每一步都走好！

Ⅳ 设计任务

庄 > 前期部分团队合作效果不明显，调研缺乏合作，PPT 逻辑不够清晰，但这个可能跟做的项目也有一点关系。收集项目相关资料比较难，只能通过和老师的沟通来解决问题。经过一段时间的磨合与分工合作，我们最后整理出了总体逻辑清晰、内容还算比较丰富的 PPT 提案，这一点我还是对小组很有信心。

范 > 感觉我们小组彼此配合得还是挺不错的，只是刚开始还需要些时间磨合。我们的进度会比第一组稍微慢一些，因为第一组项目比较常规且偏落地性。前期阶段，我们对很多问题还摸不着头脑，大多是摸着石头过河，组员相互积极沟通，把自己的强项都用上了，遇到解决不了的问题，大家都会找麦老师讨论，最终一起解决好问题。

李 > 团队之间的沟通交流与协作很重要。在前期的磨合上可能会有点小问题，可能是由于对项目的不了解，但项目的挑战也在于它的特殊性、使用方式跟其他常规产品不一样。不过大家都有一股劲，很努力地去克服困难，每一次即便是从原点出发也不气馁，为了让设计打破常规，我们对生活中的事物进行重新思考，并运用到机器人项目上。

唐 > 因为前期在调研部分没有分工，导致搜集资料和总结时拖了三四天时间，后面做出来的 PPT 总体感觉内容还不太全面，逻辑性方面还能更好一点，缺少总结性的观点梳理，不过也好在后面努力补缺，早些意识到不足也是好事。

∨ 技能解锁

庄＞设计上感觉自己最大的提升就是逻辑思维上的贯通与清晰化，前期调研的每一页PPT内容都在为设计的下一步做铺垫。还有就是学设计得脸皮厚一点，不懂就多去问，我们坚持每天跟项目导师和学校老师们进行一次会议沟通和学习，反馈目前开展项目的重点问题，耐心地同客户做线上沟通，在微信群里多了解这个项目。前期阶段汇总时，我们的提案在逻辑上没有问题，但对图表与工具运用得不是很到位，在提案时的观点呈现不够直观明了，之后做了大调整。老师还会每次看进度不断给我们补充些设计干货，让我们能现学现用。

范＞我们最初的PPT版式不够美观，逻辑不够清晰。机器人属于小众型产品，而这次的产品仅供国网智能变电站使用，所以在用户调研上有一定难度，我们都要先整理好网上信息再咨询客户。上完赵坤老师的"客户沟通"课后，我懂得了在客户没有明确设计方向和风格时，我们要帮客户聚焦问题，让客户尽可能详细讲述需求的更多细节，并结合已有的产品来提出自己的设计观点。方案要设计成一定的梯度性，客户选择的空间就会相对大，同时也有可能综合不同方案的优点并加以融合。与客户沟通之前，要充分准备并做总结梳理：第一，项目的出发点；第二，产品的定位；第三，客户的情况；第四，市场情况。

李＞在做提案PPT时容易出现逻辑性思维的不足。通过与导师的沟通，我们改变了平时的思维逻辑，把设计调整到正确的方向上很重要。

唐＞与客户沟通和向客户提问的技巧在课上的学习演练和体验可以说对我有很大的帮助，也能让我克服了自己面对客户的一些不适应，只要做到有充分的准备就能以一个自信的心态来引导客户。PPT的内容梳理与多种设计软件工具的运用能大大提高工作效率，同时也很好地锻炼了自己对资料的综合分析和提炼能力。

∨ 市场调研

［甲方］＞1.原型机器人外形主要为大方块的堆叠，给人以冰冷、古板的感觉。2.机器人在遇到恶劣的天气时也要照常作业，但容易出现侧翻。3.机器人的几代产品都有家族延续的设计基因，可在延续家族风格上做一些大的突破，甚至颜色上也可以有所改变。4.机器人若出现故障，小问题可当场解决，大问题则需要返场处理。在部件结构的基础上，外观都可以调整，尺寸可做得大一点。

［设计方］＞1.在外形上，可根据机器人原本的工作环境进行设计，打破原有的一个大方块外形，色彩上最好有所变化。2.在功能上，可加入交互性的创新。在恶劣环境的条件下，可以对机器人进行功能化的设置调整，让它可以持续正常作业。3.赋予机器人个性的外观风格设计，例如温暖、硬朗、人性化或未来感等。

个人评测（1~10分）：

庄锐楠 > 自信心8、信念感9、挫败感2、经验值8、学习能力9、技能提升7、创意理念8
范敏清 > 自信心7、信念感8、挫败感5、经验值8、学习能力7、技能提升8、创意理念7
李家豪 > 自信心10、信念感10、挫败感3、经验值10、学习能力8、技能提升10、创意理念8
唐　望 > 自信心5、信念感10、挫败感8、经验值7、学习能力6、技能提升4、创意理念6

Ⅻ 攻坚成果

庄 > 1. 深入学习东方麦田的9个设计节点，并与在学校学习的四个大方向点相结合，形成完整系统的设计体验。2. 调研前期的整个设计思维得到了高效提升，通过与客户访谈的真实场景模拟，了解用户需求痛点以及产品策划、产品定义，从而更加熟悉掌握了整个设计流程。3. 现场勘察产品生产线与模具厂，观摩了解产品从设计到落地的整个流程。4. 通过项目导师的全面介绍，了解前期调研的重点步骤细节，让提案的整个逻辑思维更加有条理，考虑问题也能更加全面。

范 > 完成用户分析、竞品分析、与用户沟通这些设计流程后，我们从刚开始大脑一片混沌到打开思路的发挥，从情

绪的低谷到终于跨过千难万险迎来黎明前的曙光，都是学习的必经之路吧！

李 > 客户沟通的目标是得出有效且具价值的各方面产品信息，需要深入对用户痛点的挖掘，重点是引导客户而不是被客户的各种要求所束缚。在"产品策略构建"课程上，让我终于知道了策划产品还要兼顾落地效果；在"产品定义"课程上如何去定义一个产品，比的是设计思维的高度……经过一系列课程，我们的学习效果都集中反映到了汇报的PPT上。在项目过程中，每天都能吸收新鲜的东西，我们的思维也开始变得强大，也开始用各种逻辑性的问题来训练自己。

Ⅻ 设计体验

庄 > 每次与项目导师沟通，他们都会同我分享一些设计干货，更多的是给我们设计理念上的启发与引导。

范 > 我们会用更新的视角去制作一份PPT提案，当然整体的逻辑性是不可或缺的。

李 > 先理清了逻辑再去用设计表达出甲方的商业理念，实现甲方设定的市场需求。老师提醒我们要注意抓要点，转换思维，带着问题去思考，围绕目标去在有限的时间里整体控制每一步执行的进度。

充电赋能课堂

唐　望 > 从项目开始到结束都是一个连贯的过程，每一步都是在为下一步做铺垫。
庄锐楠 > 寻找合适的设计，付出最大的努力。
范敏清 > 设计需要沉淀，生活需要积累。
李家豪 > 我见过早上 5 点钟的太阳。
唐　望 > 设计看上去如此简单却也是为何如此复杂的原因。

Ⅸ 后期任务

庄 > 前期想设计方案的时候我们的设计思维不够发散，再加上机器人的外观以及一些功能难以表达和实现，手绘草图阶段进展得不算顺利。但我们通过多次的方案沟通，最终还是有了一些成果，除了画草图，还丰富了前期调研的一些内容，以及优化 PPT 的整体视觉。

范 > 老师对我们的提案内容评价还可以，在草图阶段我们遇到了一些挫折，进展相当不顺。由于巡检机器人不是日常的生活品，在设计方案上，我总是考虑得太多，自己的想法太受限制。

在向客户提案后，小组重新分配好任务，接下来要完成后期的草图、建模、渲染和 PPT 的整理。进度算是提上来了，感觉还是 OK 的。

李 > 在草图方面，我认为我们一开始是有所欠缺的，主要原因是我们对客户提供的模型了解得不够深入，前期的调研也没有应用在草图上，导致草图的设计理念表现得不够准确清晰。

Ⅸ 技能解锁

庄 > 参与这次实训让我真切地感觉到设计一款产品并非易事，落地一款产品更是难上加难。参观模具工厂、电器生产线，让我更多地了解到产品从制作到落地需要符合的诸

多标准。工艺的加工过程也需要实地去了解，去搞清楚不懂的技术问题。产品是要实际感受的，在 CMF 课程上，老师让我们多去体验不同材质的产品是什么感觉。我们跟老师一同前往大商场进行实地考察，了解不一样的产品质感与材料，有的大略相同，而不同价位的产品在用料方面多有不同，需要练就火眼金睛。

范 > 希得工厂、中山锐尔朗电器有限公司的考察和参观让我们大开眼界，这里就像一个大型的学习实验场，也帮我们解开了平时学习中的许多疑惑，包括产品的模型和内部零件到底是怎么制作出来的，一个完整的产品需要各个步骤来配合进行，从外壳到内部零件，再到组装和实验，我们在现场大量拍照，有些需要拍图回去慢慢消化才行。那些车间技术人员和师傅，他们的工作环境比较热也非常嘈杂，一整天都是机械式作业，整天与机器加工打交道，对技术问题都非常精熟。每一件产品都要经过他们的实操制作才能最终完成，着实令我很是钦佩。

学习了 CMF 应用课程后，老师给我布置了作业，要我去电器城"摸"产品，分析产品工艺与材质应用。我学习的体会是——看产品不能只是看，还要学会"摸"，才能更好地感受和熟悉产品。画草图方面，虽然在想法上没有什么突破，也许是因为画得比较多，但手法表现上，我会变得更注重形体感的表现。

李 > 感觉比较大的问题是自己的设计思维总是放不开。在草图沟通阶段，老师们给了我们很多帮助，在别人做提案

时，我们也积极参与，互相碰撞出新的火花，通过多种形式去激发设计思维。

市场调研

[甲方] 范＞1. 要求外观能够偏概念性表达。2. 外观能够更符合室外巡检机器人的造型风格，多一些创新。3. 在结构创新上需要考虑设计的可行性和成本问题。

[设计方] 范＞1. 在客户有意向的方案基础上继续完善和提升，明确了方向就能解决很多现实问题。2. 思维要更放开些，外观设计方面创新的概念是核心点。

试错方案

设计方向
庄＞偏向服务型的机器人设计，功能上会有一定的专业特点。

范＞外观上需要有突破，设计关键词为：硬朗、未来感。在机器人的基础上会添加一些小的实用功能。

实施方法
庄＞PS 手绘板、手绘

范＞手绘草图、PS

执行效果
庄＞科技、拟人。这是一款设计偏向常规服务型的机器人，部分结构可以方便拆卸和维修。

范＞机器人外形以圆润为主，防撞杆的功能与铲子的造型融合起来，既是防撞杆也可当作铲子使用，但增加此项功能其实没有太多必要，主要是外形也不大美观。2. 机器的造型较为硬朗锋利，视觉冲击性较强，机器人的脖子部位可旋转伸缩，一定程度上可节省运输成本。在提案后，甲方认为此款外形较符合他们的需求，但现有的生产技术还实现不了伸缩功能，并且会增加较多成本。

李＞前期通过画草图探索设计外观已走了不少的弯路，思维上发散得不够好，感觉思路还是比较固定单一，缺少新奇的感觉。

攻坚成果

庄＞画草图过程中，更重要的是如何去定义一件产品，找准产品的属性和风格，再去有目标地收集大量参考图、意向图，结合自己的创新思维加以表达。特别是做外观设计的支撑点要证明它的作用，展现外观或结构的创新点才能打动用户。对用户信息资料的熟悉程度也决定了你的设计对接匹配度，每个细节都要积累实践经验一点点地完善认知，才可尽可能地在设计中解决用户需求，满足新产品的各项设计指标。

个人评测（1~10分）：

庄锐楠 > 自信心8、信念感9、挫败感4、经验值8、学习能力9、技能提升8、创意理念7
范敏清 > 自信心8、信念感7、挫败感4、经验值8、学习能力8、技能提升8、创意理念8
李家豪 > 自信心10、信念感10、挫败感4、经验值10、学习能力8、技能提升10、创意理念7

范 > 对国家智能电网的工作环境、巡检机器人的市场情况和结构特性，我们都是从扫盲式的零认知开始。与甲方沟通需要技巧、耐心和细心，要做实在的设计提案，前期的基础信息可以说是至关重要的铺垫。在设计过程中要多学会自我调节心态，让自己的压力承受力在项目推进中同步提高。

李 > 尽管在画草图时走了不少弯路，但也学到了不少思维发散的方法。在"CMF 在产品创新中的应用"课程里，亲手触摸各种设计材料和工艺体验会对设计大有启发。如何让设计表达更有效准确是常被忽略的问题，设计表达并不是只有图片加文字，更多的是理想与感性的结合。

Ⅺ 设计体验

庄 > 做设计，要大胆地去想，不要被太多框架限制。在整个设计过程中，我觉得最重要的就是通过设计思维的发散找到好的创意点，并逐渐将好的创意点范围缩小，不断修改和完善，到最后做出一个符合实现产品结构的方案。做设计最重要的是：不管遇到多难的事，保持一个好的心态，才不至于让你失去方向或放弃坚持，好的设计都是一点点反复打磨出来的。

范 > 在设计过程中，对于不擅长的项目心态上一定要放松，否则会影响到你的自信心、技能表现等各个方面。逻辑能力需要日常在生活中有意识地培养和提高，留心身边的事物，多积累个人的设计认知。见识要广，才能有更多的好点子、好创意生发出来。

李 > 设计表达是理性和感性合一的结果。图文并茂的设计提案，都是围绕设计的核心理念来展开的，并不是简单的图片加文字的堆积。这个实训就像是一个学习的分界点，让我们看到了设计的更高境界，一定要练好"武功"，因为设计随时都需要它。做一个设计的有心人，不放过你体悟的每一个生活细节，去钻研它，我想这就是我做一名准设计师的真实体验。

范敏清 >

∆ 解决设计的问号

成为国网智能巡检机器人小组成员那一刻,一切都是新奇的体验。走进东方麦田,就被这里充满国际建筑设计风格交织错落的穹形大门彻底震撼了——简洁而极具曲线美感的设计大门敞开着,伴随着每一位设计师无眠而灵感纷至的一个个夜晚与黎明。午休时间游荡在工业园区喝咖啡、望向远方的风景都是那么的自然惬意,我们即将成为一名产品设计行业的准设计师,经历一个月的孵化与实训,交杂着个人的情怀与热诚,投身于身边设计师的大集体,时常会有一种豪情与热浪撞击你的大脑,让辛苦与付出都成为值得记录的时光。每个人都是设计团队中不可或缺的一部分,项目是拼出来的实在战果,准设计师实训颠覆了我们从前学习设计的模式,同时收获了诸多亲密无间的"战友",还有我们对设计师职业的无限憧憬,对接下来要走的设计道路,我披荆斩棘,将全神以待。

感谢在这30天一直陪伴我们的东方麦田的导师、学校老师,还有在生活上给予我们帮助的晓羽姐、浩生哥。三个项目小组相互帮助,与学校教学不同的是,这次我们接触的是实体项目,接触的也是真实的甲方。我们在这里经历了很多的第一次,虽然感觉自己很稚嫩,发问也不是那么熟练,但这是准设计师可能都会经历的过程。经验的不足,让你总有满脑子的问号,先自行解决或小组沟通,再找导师交流,问题就会一个个过关。

师兄师姐的帮助让我们找回了同行的温暖，我们从设计"小白"到逻辑表述逐渐理顺后能够清晰地陈述，要的是胆量和勇气。与客户沟通让我们复盘了一个真实项目的完整流程，也从中发现了自己的不足，在产品注模、五金加工、手板工厂的流程中见证了一个个产品的诞生，工厂的技术工人日复一日地在嘈杂的环境工作着，像螺丝钉一样坚守分工作业，把控每一个实操环节，这种精工敬业的精神让我们感受到产品设计的不易与一种职业的敬畏。

∬ 在冲突中成长的团队

这30天我们真正体验了一番从学生到职业生涯的整个转变，受益匪浅。最大的感受就是：让我懂得了人生是一个不断磨炼的过程，需要保持乐观积极的心态。最终我们呈现的方案效果图也得到了老师们的肯定，但是我们自己都知道，这其实不是我们最满意的效果，时间有些仓促，准备不够充分。最终我们项目能顺利完成，离不开全体组员的合作，很感谢全组对我这位"独花"的关爱，大家都非常辛苦，一切都是值得的！

在这段孵化营的生活里，有苦有乐。虽然每天都要加班，但是最艰苦的经历往往是记忆最深的。我们从第一天的见面，到最后一天的离开，下次再见，即是江湖。

实训的最后一天，刘诗锋董事长给我们上了"工业设计师职业理解和生涯规划"专业课，他告诉我们："无论你未来做什么，都能从工业设计思维中受益。那么我们是谁？——工业设计师不仅是一份职业，我们可以赋予它更多的社会责任。当你跳出设计看设计，视角和格局都会放大很多，不那么受到局限。"

我们从学校走向企业的实训，两者的区别在于：校园里的大多是虚拟项目，企业都是实打实要生产上架的商品，商用的工业设计所创造的价值也会远远超出我们平常的想象，特别是出的爆款产品，这都与平常我们在学校天马行空的设想或案头操作的设计不太一样。东方麦田尤为侧重产品全价值链的创新价值，这个链条学习的全过程让我们进入了一个闭环模式，高效而有序地进行设计的运转，让我们看到了设计师的智慧与创造是新奇的、充满挑战的。

重新回顾一下我们这一个月来所学的专业课程，有点吓了一跳的感觉：准确获取甲方需求、用户痛点挖掘、产品策略构建、产品定义、产品形态的灵感与推敲、CMF在产品创新中的应用、如何让设计表达更有效、产品开发与技术实现、手板阶段的控制与调整、构建产品推广策略、产品展现环境、准确触达用户、设计师职业生涯，整整有13门课程。当中也有不解的、迷惑的，有浅显易懂的、有懂了但不知道怎么去做的……陪我们一起持续奋战的有：普通话讲得不太好的猫坚、很是风趣的小志，还有说话时而很慢时而又很快的锋哥（刘诗锋董事长），锋哥每次给我们出的题目真的是让人头大，我们每次连脑汁都想干了，还有林栋联（栋哥）、赵坤（赵总）、梁嘉豪、李鲁、项振宇、张庆图……是他们让我重新认识了设计，也是真正让我受益和深受启发的同行者！

这其间，有冲突，有欢乐，有苦涩，朋友、学长，像家人一样的周唯为老师和罗冠章老师。我想说——这里的再见是终点，亦是起点。

设计程序与方法

国内的工业设计教育生态圈不断出现新的样态，艺术设计教育面临着市场需求变化与技术革新带来的巨大挑战。作为以技能型人才培养为己任的高职艺术设计教育，应深刻思考如何进行教学体系建设、办出自己的特色优势。通过对改革开放以来我国设计教育业发展状况的梳理，反思艺术设计人才培育所面临的主要课程，这也是广轻工与东方麦田共同创办"工学商一体化"孵化营的目的。

而"工学商一体化"教学的意义也是非常大的。设计的产品能不能做出来，价值在市场能不能体现出来，能打通各个商业环节才能实现教学与社会的真正接轨。如果产品价值定位不准，就会导致库存积压。广轻工的桂元龙院长就是想通过这样的方式，尝试解决职业院校实践教学的最后一个短板与生产落地的衔接。为什么要提"商"？设计最终要进入市场流通，与用户接轨，它是基于商业完成以后的体系，才能让商品的价值充分体现出来。所谓的"商"，则关乎设计所用材料的成本、流通的可行性等。

在东方麦田找到设计师的归属感

我在东方麦田公司待了一个月，能明显感觉到浓厚的企业文化，大家彼此尊重，体现出企业的一种责任与文化氛围，以造物者的心态尊重人和设计本真，与客户、用户共享设计价值，输出优质的产品与服务。

通过在东方麦田的实习，了解了设计师的基本工作程序、工作方法和职业素质要求，毕业后能更好地适应市场发展和社会要求，掌握更多工业设计行业的职场经验，弥补学校课堂学习上的某些不足，提高个人的综合设计技能和素养，这些历练对我们即将走向社会大课堂的准设计师很重要，踩坑经验也都是自己一点点攒下来的。

每天我们多少都会更新一些技能与认知，工作笔记也整理得越来越详细，有待自己在实践中一个个去消化：

1. 了解设计的工作程序、设计师的基本工作内容和工作方法。

2. 了解不同设计专业的合作方式，以提升设计师的职业素养，掌握工作协调能力的方法。

3. 结合实际工作项目，学习运用高效的计算机绘图软件绘制设计方案和制作图纸。

Ⅳ 准设计师的执行力

成长为一名合格设计师是一个不断汲取知识、反复思考，同时又需要付出努力和心血的过程，从积累、发展到蜕变需要一个长期的学习和体验过程。第一次了解这么多信息，对我来说这些知识还是很抽象的，真正深入到每一个具体节点后才知道，每一道工作程序都要深挖去学习领悟才能掌握每一节点的要义与攻关点，增加宝贵的经验。

对东方麦田的真实项目实施，我从刚开始的经验不足，到后面的自信满满，变化也挺多的。刚开始做巡检机器人项目时，我们组都是毫无头绪的状态，包括我。困惑和问题从来不会自带解药，所以都要厚脸皮地去问身边的同学和老师，项目导师把我们一次次从坑里带上来，不过具体实施和执行还得自己一点点来。身为组长，我们对问题解决的方式就是不拖拉，寻求有效帮助，再调整到自己的方向。

除了做实际的项目之外，东方麦田安排上的专业课让我们看到了很多落地的真实案例，这些都是为全面培养工业设计的准设计师而量身打造的专业提升课程。外出参观模具厂、生产线、大品牌公司，工厂就像设计的百科书，现场看着模具一个个从机器里吐出来，熟练的车间师傅对我们天真的问题露出憨厚的笑，刨根问底地问问题就像是赚到了一样让我们兴奋。感觉进了工厂可以大大压缩设计与市场对接的距离，我们就像一开始完全不会游泳，然后被教练直接扔到水里去学，才学会了自救存活。坚持下来就能从一个个沟沟坎坎里爬出来了。当经验值飙升后成长也很多，为我们建立了从业试水的宝贵信心。

Ⅳ 逻辑思维——设计的起点

东方麦田把我们平时学习不大重视的逻辑思维作为重中之重，这是真实项目落地的基点，我们走完整个设计流程才深有体会，在认知上才能有转变和突破。还发现设计理论一直都是我学习上的短板，在这里一定要多读书、多思考，才能跟上身边同行者的脚步。

这整一个月下来，我们看问题有了重新审视的视角，抛下过去的保守学习模式，我们把设计心态调整到放松的那一档，真正去享受设计的不同滋味和过程。

我现在很珍惜去做好一件事情的时间，让自己保持乐观积极的心态去面对问题，到最后呈现成果的时候，得到客户和老师的肯定，这让我们充满了自豪与幸福感。

范敏清 >

∥ 准设计师的素质与专业技能

参加此次准设计师训练营之前，我是一直都知道设计不易，在学校也有项目的课程，并且有参加学校的设计工作室，大致了解做项目的过程。但真正到了东方麦田学习，才发现有很多不同。因为要考虑产品的落地性，很多东西都要切实去体会，从外观、结构、尺寸上都要有一个全盘的考虑。

在训练营的学习让我有了很大的改变：遇到不懂的东西，会更沉着稳重，自己已不会那么慌，也不会随意天马行空地去想设计，落地性和可实现度反而是首要考虑的问题。产品的生产过程清楚了，就得靠平时学习和生活积累下来的设计知识去实现。

作为一名即将走出校园的准设计师所需具备的素质或专业技能我觉得第一是素质，需具备"很强的自觉性"，包括自学能力。第二是培养逻辑分析能力、创意思维。第三是好奇心要强，有发现问题的洞察能力。第四是需要有意识地提升个人的审美素养。第五是能够吃苦耐劳，沟通表达能力强，有团队精神。第六是有不断追求进步的动力和持之以恒的执行力。

专业技能方面，我觉得首先是要有优秀的草图手绘能力。三维建模与平面设计表现能力也都是不可或缺的。

在30天的准设计师体验过程中，我也与身边的企业设计师深入沟通过，像麦老师和泳岳前辈。通过交流和启发，再回到制作项目 PPT 提案上，你的逻辑会理得更加清晰，画草图时要在反复推敲中提取灵感，并学会合理控制设计周期。

∥ CMF 分析课程

在设计体验过程中，我对 CMF 分析课程印象最为深刻，了解到观察产品的材质不单是看，还需要用手去摸，感受不同材质的手感，再选用合适的设计材质。

画草图阶段的煎熬与困惑在于甲方的原型结构已经给出，设计上就会有所限制，外观上打破原有的大方块造型也涉及到很多设计与技术问题。对机器人的项目概念与结构不了解也不擅长，所以会造成不懂原产品的结构应如何改或不敢改，但太小心又难以出创新点。

实训中也进行了几次实地考察，老师带我们走访了美的工业园、制作产品外壳的希得工厂、制作内部零件和组装产品的中山锐尔朗有限公司、做手板的天沃模型厂。对整个产品制作过程看下来，你才能弄懂手板从外壳到内部零件再到组装是怎么制作出来的。

∥ 设计个人规划

当下设计师生存的社会大环境，感觉国外和国内的大企业都拥有庞大的设计机构，市场需要更多的设计人才，工业

设计在市场也越来越受到重视。想要成为一名优秀的产品设计师，需要一定时间的历练，经验的累积，当然前提是要自己用心。

当然自己也十分憧憬做一名设计师，我的职业规划是在三维与平面设计专业领域发展。

实训经验与设计挑战

在项目小组的设计中，我作为我们小组里的"独花"，工作分配上，我偏向是在各方面给予辅助，比如像 PPT 提案的资料搜集、提问客户的问题罗列、方案意见汇总到后期的手绘表达。

设计经验方面我学会了与客户沟通的技巧，只有熟悉常识性的专业信息与资料才能去合理地设置问题。

在讲座课及作业讲评学习中，我对产品策划有了一定的了解，不再只是了解一些片面的东西。因为自己对很多事情都是"小白"，没有经验，所以还没到一个领悟能力超强的地步，但也算是接触了一番，增长了自己的见识，在学生阶段就能实践这些，这个机会非常难得。

觉得自己在设计认知方面的创意思维还是打不开，领悟能力不高，对课程经常都是迷糊的状态，今后会慢慢调整自己的状态。

其实我还挺想挑战另一个做"良品铺子零食开发"项目，虽然听说他们小组的设计状况也挺难的，但这个项目会比较符合我的个人风格，哪怕有挑战，对于自己比较感兴趣的东西，设计时的投入状态肯定会不一样。

我所向往的设计状态是：不熬夜，不掉发，灵感自然来，适度的压力。希望"设计"这一职业，给人感觉不是熬夜掉发的职业，而是令人向往的职业。

设计之外

平时的生活里，我对生活中"美"的事物都会有一定要求，例如：爱做手工、爱打扮、喜欢有仪式感的生活、爱摆盘，平时也会刷刷社交软件等，可以潜移默化地提高自己的审美。平时我会经常上设计网站找素材参考图，也不一定是局限于产品设计图，有时会外出逛逛，有灵感了就做些思维导图。

与客户和老师的交流也很重要，感觉他们会引导我去切实考虑结构问题，让设计的创意有更好的专业支撑点。有时会面临需要重新修改设计或方案不被认可的情形，我的自信心一般都来自自我暗示，偶尔会给自己洗洗脑："我真的很不错，真的很不错。"再把心收回来，找找自己的问题，若觉得自己的方案可以，会完善它，再想办法说服老师。

这次参加实训学习与在学校做项目感觉有挺多不一样的地方。每次被分配到任务时我都会担心自己做不好，哪怕只是建模、画草图、PPT、渲染，对每项任务都会担心。不过及时发现自己的不足也是一件好事，可及时调整。

我们也有最开心、最放松的时候，那就是去顺德博物馆参观、公司请吃饭，吃到了不少佛山的特色菜和招牌双皮奶，还有前些天去蹭吃的生日会……发现暂时放下项目的时候，真的会很放松和开心。

设计思维

范＞我们做的项目是智能巡检机器人。甲方要求做一个创新的外观设计。通过用户访谈，我们总结的设计诉求是：机器人在户外使用环境，会有侧翻风险，原本的方块造型外观感觉比较笨重，给人一种冰冷的工具感觉。

设计思维上我们主要集中在：户外使用，外观是硬朗的方块造型风格。轮胎偏外扩，以增强稳定性。在打破原本产品的大方块外观的想法上,运用流线形来丰富几何体组合，同时增加了灯带设置，给人以一种未来感。

实训体验与认知提升

通过30天的学习体验，我发现了自己的很多不足，主要是思维逻辑方面，专业上投入的时间很少，自己要有意识地从生活小事开始积累，关注身边的人或事，多看看好的产品图，以提高自己对产品的形态、结构的认识。

同时也了解了我们所服务品牌背后的故事和产品的特点。设计不仅能提高产品的颜值、实用性、销售量，还能节省产品的成本、提高利润、提升品牌价值。所以为客户做设计和在学校做设计的区别在于，前者更多地考虑落地性和原有产品的结构与设计上的突破，大方向需要比较确定了才会开始推进设计。

设计观点与感言

我认为产品设计是对产品从外形到结构的一种优化，它会给我们的生活带来更多的舒适体验。产品设计师的价值是创造美而实用的产品,同时给生活带来更多的惊喜和发现。

虽然我不知道为何学校会选我加入孵化营实训，来之前我总是很担心自己做不好设计。我一直都坚信，只要认真，其实很多事情都不难，但是来到实训地，我发现好像又不是这样的，也许我还需要时间来沉淀。

实训让自己增长见识的同时，也认识了很多老师和前辈，体验了在公司上班被大家关注的感觉，很奇妙。因为在学校时我们通常是自己单打独斗，而在实训过程中会一直有学校老师、企业老师指导和陪伴。大家互帮互助，身边有很多可爱有趣的人，这种体验让我珍惜而感动。

∬ 设计引发的好奇心

参加此次准设计师孵化营跟我的想象不太一样。起初我并不知道是来参加一个孵化营实训，以为是跟学校的上课方式一样只是过来做项目，万万没想到的是，这里还有很多专业课程的配套安排，学习内容也超出了自己的预期。实训的学习让我懂得了如何运用设计的逻辑思维去思考问题，当你观摩了一件产品从设计到投放市场的全过程，才知道一件看上去平平无奇的产品背后要付出多少的努力才能真正实现出来。

作为一名即将走出校园的准设计师，需具备较高的专业素养才能走得更远，必备的技能也要全面强化学习。同时要学会"先做人，再做事"。30天的准设计师体验让我深刻地体会到：真正的设计师除了设计，还要会讲述自己的创意理念。像我们小组的企业导师，他会跟我们讲一些做设计的个人经验，好玩有趣的案例也更能激发我们对设计的好奇心。一些刚入职的年轻设计师，也会提醒我们在初入职场时应具备哪些专业能力才能更好地适应工作之需。

∬ 设计成果与团队配合

在实训过程中，最后的 PPT 提案演讲汇报环节让我印象最为深刻，这也是30天实训成果的展现。最让我困惑的是我们前期做市场调研时感觉会比较枯燥，当时我还非常疑惑为何要做这些调研，到了后期阶段才多少明白了这些工作的意义。几次实地考察，让我直观地了解了一件产品从设计开发到制作成型的过程，很不容易，中间会出现很多的意外，需要不断地用经验和耐心去找解决的办法。

在项目小组的设计配合中，我主要负责分配工作、整理优化 PPT 提案的逻辑，并给组员以全面的配合与辅助。在讲座课及作业讲评学习中，我觉得自己在团队的激发下，逻辑思维也有了明显的提高，这跟我们之前在学校做的调研、分析资料等虚拟性的作业课题形成了鲜明的对比，包括表述上的逻辑、设计执行方面都有了不小的突破。

∬ 设计问题

在设计中需要面对各种类型的客户，在与他们沟通需求时，我会根据客户提出的要求进行调整，但还是会坚持自己的设计理念和想法。老师担当的是一个疑难解惑的角色，当我遇到困难和问题时，他们会为我耐心地抽丝剥茧地分析。

如果需要重新修改设计，那就说明我的设计稿还不够完美，存在问题能够修改就证明设计还有提升的空间。关于这一点，我是不会有挫败感的。但当方案被否定，多少会有一定的挫败和失落感，毕竟是自己的想法没有被认同。但这只是设计的一小部分，我是一个比较乐观的人，遇到问题都会往好的方面想。在设计执行中我最担心的就是最后的成品呈现得不好，同时，在工作配合中最难的就是让组员准时地交出布置要完成的内容。身为组长，最痛苦的一项任务就是催大家交作业，设定一定的时间节点和准则是非常必要的。

让自己最感兴趣的学习就是去外面参观学习和考察，因为这样不仅能够开阔自己的眼界和充实自己的生活，和小伙伴们一起调整"工作"的节奏，还能放松下来去吸收更多的信息，再带回满满的能量继续冲刺我们的项目。

设计思维

首先要先了解这个项目的背景和我们要做的是什么产品，再综合分析品牌、市场、竞品、用户等，最终得出一个准确的产品定义，根据定义再去执行设计。通过实训，我的设计思维有了全新的突破，技能方面我希望能够将C4D软件运用自如，也对自己今后能够独立地去承担设计师的工作有了更多信心。

在经过一段时间的学习后，我对服务的品牌也有了深入的了解，包括电力巡检机器人的运作方式，以及一些结构性的配件等，感觉自己快变成一个行业通了。

设计思维上我们集中在户外使用场景，外观是方形硬朗的风格，轮胎偏外扩，以增强稳定性。在打破原本一个大方块外观上，运用流线形来丰富几何体组合，再增加了灯带设置，给人一种未来感。

设计师的服务价值

设计师能为企业或品牌带来的价值是非常大的。好的产品设计可以更多地传播企业品牌理念，体现品牌的设计风格，还能直接影响公司的声誉和发展走向。之前我们在学校做设计的尺度和空间都还是比较自由的，可根据自己设想的形态来进行设计，但为客户做设计往往要考虑到产品的落地性问题，根据实际条件和情况来进行方案的修改与完善，产品的最终完成效果也能为对方接受。

设计前景与规划

设计师职业在整个社会大环境下竞争非常激烈，但我相信只要自己够强、够努力，就一定会找到自己的职业定位。通过孵化营的学习，我也有了自信面对以后的一些困难，不管是生活的还是工作的，积极乐观去面对就好了。因为自己很向往成为一名设计师，希望能够通过自己的设计美化身边的生活。对于未来的规划我还是会坚持做产品设计这个专业领域，同时也会去尝试更多新的东西。产品设计是生活产品的美化工程，它能让生活变得更加舒适、便捷。产品设计师的价值在于它能够通过最好、最优的方案帮助提升产品的市场价值，以及通过设计服务来为公司获得相应的设计回报。

我个人很想做一些之前没有做过的产品，并将自己的经历运用到设计里面。比较向往的设计状态是拿到项目时，灵感随即而来的那种兴奋的感觉。平时我喜欢观察周围的环境，随时随地去发现生活中的设计问题。我还喜欢收集好看的图片素材，以提高自己的审美品味，有益于设计积累。为了寻找设计灵感，我会去实地考察，结合从多个渠道收集到的资料做深入的思考，同时借鉴相关的优秀案例和好的设计方法，从多方面拓展自己对项目设计的认知。

唐 望 >

⫽ 留下设计记录的每一天

参加此次准设计师孵化营所学习的内容比我预想的更丰富，让我明确了自己今后的学习方向，让自己不再时常陷入迷茫。

在训练营的学习，我每天会写写日记，虽然平时很少写日记，但紧张的实训让我倍感充实，每天能在学习的缝隙时间记录下来这些点滴，也是一种难得的回忆。

自己即将走出校园，向准设计师迈进，我觉得从事设计行业应对新事物保持期待与好奇心，对未知事物的探索是设计师应具备的一种素养和思考能力，设计的技能也是随时需要提升与更新的。

⫽ 体验设计师的真实生活

我们在实训中也会与东方麦田的前辈交流，向他们学习如何更多地去考虑客户的感受，从而能更准确地判断客户想要什么。我对"设计师生涯"那堂课印象最深，它激发了我内心对设计师职业的一种渴望和向往。但对"产品策划"课感觉还是有些困惑。不过，通过几次实地考察，我们对产品的生产过程有了初步的了解，生产一款产品包括哪些工艺，以及对 CMF 的运用，都有了逐渐清晰的认知。

在项目小组的设计配合中，我的主要工作是前期对客户的提问和后期的产品展现。收获最大的就是心无旁骛地把自己的那部分工作做好，不放低对自己的专业要求。

在与客户和老师的交流中，感觉他们做项目都是有了依据才去做，而不是像我们以前，一有想法就开始，没有反复地进行周密的思考与论证，这是对产品设计的一种严谨的工作态度吧。

当然，在设计过程中被要求重新修改设计或方案不被认可是时有发生的，虽说会有一定的挫败感，但往往睡上一觉就好了，设计还是要继续。

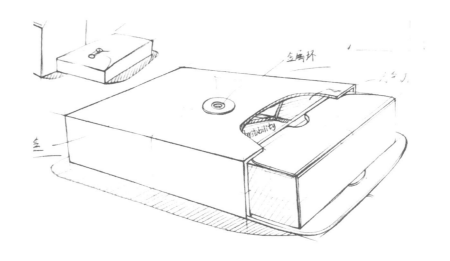

课案 3　良品铺子零食开发

小组成员：企业指导 / 赵坤　教师指导 / 杨淳　廖乃徽　学生组员 / 陈永丰　莫晓君　吴倩仪　欧俊泉

项目背景>

本项目属于食品设计与包装设计开发，来自良品铺子股份有限公司的委托。

随着零食市场容量及消费规模不断提升，竞争对手乃至跨界竞争者也越来越多，需要变革性的零食创意帮助品牌方开辟新市场、挖掘新消费人群。

设计者需基于品牌特点，帮助品牌聚焦细分场景，打造零食的差异化卖点，设计一款具有体验感、仪式感的零食产品。

教学目标

1. 设计一款满足办公室场景需求，符合办公人群行为习惯的休闲食品。

2. 具有良好的体验感及社交传播属性。

教学要求

1. 师资要求：具备企业项目导师及设计师团队作为实战经验支持；校内专业老师全程跟进，进行设计理论和技能指导；同时还配备技术指导老师，负责为学生提供不同模块的技术支持以及产品落地生产的相关指导。

2. 场地要求：以设计公司作为设计实训场地；前往高新技术产业园、模具厂、工厂、线下市场等考察调研，满足不同设计节点的技术需求。

项目实施安排

1. 项目实施安排：组员全面评测。
2. 设置工作日程计划：分工协作。

设	研究洞察	发掘需求		产品开发	**创意呈现**
		目标定向			结构功能实现
		市场研究&用户研究			功能样机制作
计	产品策划	**下达产品设计任务书**		制造服务	**技术实现**
		市场定位			模具实现
		产品方向			**技术整合**
节	核心产品	**构建产品策略**		推广策划	品牌策划
		创意发散			推广物料设计
		产品定义			**构建推广策略**
		原型制作及验证		终端呈现	视频设计
点		**寻求突破**			展示体验空间
		创意草图			**沟通体验**
	产品设计	人机工程推敲		价值传播	品牌推广活动
		CMF推敲			新媒体传播
		建模渲染及场景应用			整合传播
		外观模型制作			**准确触达用户**

STEP 1
研究洞察

研究洞察是充分做好产品设计市场调研、进行多维设计前端分析的阶段。设计者在这一阶段要全面考察零食类产品的特征、包装结构、食品的品类与生产技术，包括市场需求、食用场景与过程等，从而取得第一手的设计调研数据与资料。在采集信息的过程中学会发现与思考问题，掌握逻辑分析、综合解决问题的能力，能通过系统地研究与分析用户，准确判断市场行情，把握行业发展趋势，洞察用户的真实需求。

白领具有一定的消费能力，一天大部分时间在办公室度过，生活节奏快，压力大。零食作为一种办公室解压方式，**市场上无鲜明的针对此场景的休闲食品出现，具有一定的研究设计价值。**

适合办公室场景

符合办公人群行为习惯

体验感/社交属性

项目目标：

1. 设计一款**满足办公室场景需求**，符合办公人群行为习惯的休闲食品。

2. 具有**良好的体验感**及**社交传播属性**.

良品铺子是中国高端零食品牌，随着零食市场容量及消费规模不断提升，竞争对手也越来越多，甚至出现越来越多的跨界竞争者。

本项目帮助良品铺子**聚焦细分场景，打造差异化卖点**，并赋予零食更多的**体验感。**

桌面研究

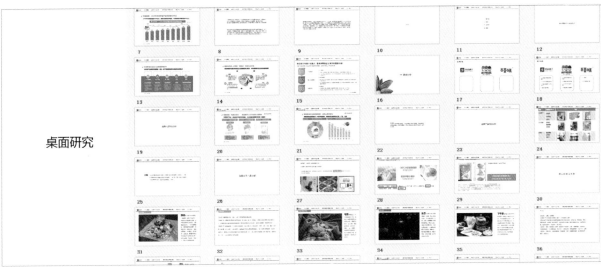

品牌：三只松鼠　　　特点：定位目标人群，主题清晰
膨化食品系列

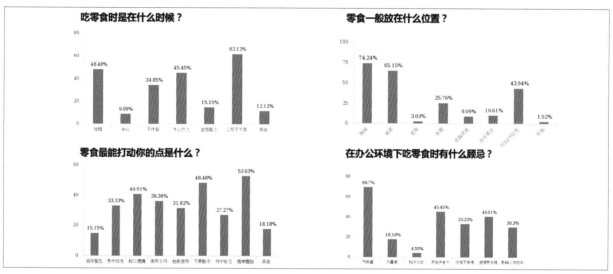

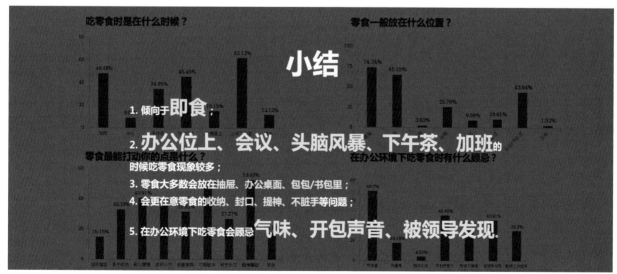

1. 桌面前部摆放整齐，后部杂乱无章，部分零食分类摆放在抽屉中。零食的摆放**不影响办公的区域**；

2. 部分零食摆放随意，放在显示屏后，叠在收纳盒上和直接放在桌子上；

3. 桌面除了摆放办公用品、零食，常见的就是**绿植**；

4. 食用频率高的零食触手可及，食用频率低的放在电脑后；

5. 打开后未吃完的零食会用小夹子封口。

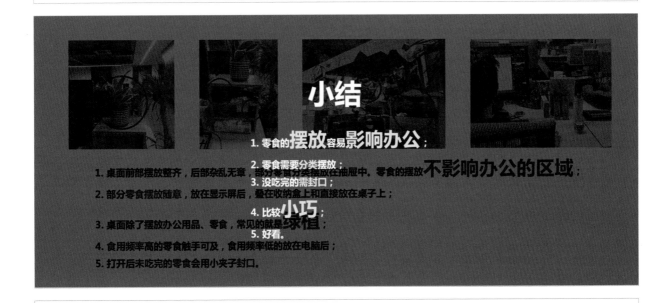

小结

1. 零食的**摆放**容易**影响办公**；
2. 零食需要分类摆放；
3. 没吃完的需封口；
4. 比较**小巧**；
5. 好看。

1. 桌面前部摆放整齐，后部杂乱无章，部分零食分类摆放在抽屉中。零食的摆放**不影响办公的区域**；
2. 部分零食摆放随意，放在显示屏后，叠在收纳盒上和直接放在桌子上；
3. 桌面除了摆放办公用品、零食，常见的就是**绿植**；
4. 食用频率高的零食触手可及，食用频率低的放在电脑后；
5. 打开后未吃完的零食会用小夹子封口。

头脑风暴吃零食：

客观原因：吃 + 聊 = 创意

头脑风暴的时候吃点零食，能够让人放下紧张的情绪，

让**大脑**得到**放松**，从而获得一些**灵感**.

为此，很多公司头脑风暴时，往往会准备一些零食茶点，营造轻松的氛围，让白领们自由交流，以此激发员工想创意出点子。

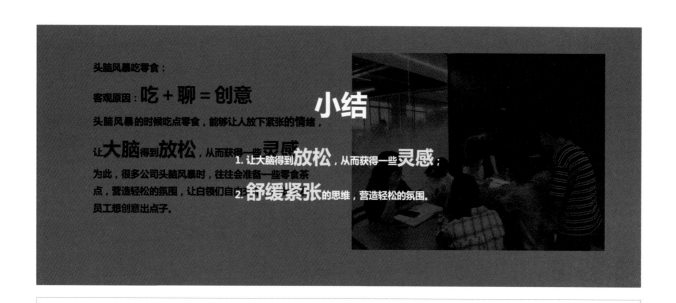

头脑风暴吃零食：

客观原因：吃 + 聊 = 创意

头脑风暴的时候吃点零食，能够让人放下紧张的情绪，让**大脑**得到**放松**，从而获得一些**灵感**；

为此，很多公司头脑风暴时，往往会准备一些零食茶点，营造轻松的氛围，让白领们自由，员工想创意出点子。

小结

1. 让大脑得到**放松**，从而获得一些**灵感**；
2. **舒缓紧张**的思维，营造轻松的氛围。

一个人（休闲时吃零食）：会看电影、听音乐、看电影、看书等。

客观原因：无聊、**打发时间**、解解馋、**提神**、**充饥**、**解压**、放松心情。

心理原因：感到自由，给休闲的时光带来**轻松愉悦的心情**，获得很大的放松度和满足感。

一个人（休闲时吃零食）：会看电影、听音乐、看电影、看书等。

客观原因：无聊、**打发时间**、解解馋、**提神**、**充饥**、**解压**、放松心情。

心理原因：感到自由，给休闲的时光带来轻松愉悦的心情，获得很大的放松度和满足感。

小结

1.一个人休闲时更注重**体验感**；
2.大程度放松的时候是一个相对懒惰的状态；
3.零食放在旁边触手可及，开包**即食**；
4.会因为**脏手**而苦恼。

项目组通过对办公室环境的研究洞察与分析，通过桌面研究、实地调研等形式对场景进行了聚焦细分，最后聚焦在办公室的日常工作、加班、头脑风暴等具体场景中，去设计开发一系列符合办公人群行为特点并具备差异化卖点和社交属性的办公零食产品。

一个人（加班时）吃零食：

客观原因：**饿了、困了**、疲惫、疲倦、通过**零食饱腹充饥、提神**，打消困意，有助于**思考**，思路更清晰。

心理原因：零食能给加班的人士带来**能量**，振奋精神，增添点活力，零食所带来的**小惊喜**或是安慰、解压，可**缓解压力**。

一个人（加班时）吃零食：

客观原因：**饿了、困了**、疲惫、疲倦、通过**零食饱腹充饥、提神**，打消困意，有助于思考，思路更清晰。

心理原因：零食能给加班的人士带来**能量**，振奋精神，增添点活力，零食所带来的**小惊喜**或是安慰、解压，可**缓解压力**。

小结

1. 饱腹、续航、**提神、把玩**影响工作；

2. 好撕开、好收纳，不用擦手、吃完继续干，要**方便**，简单，**好处理**；

3. 能给加班人士带来心理心灵上的慰藉，**缓解压力**。

STEP 2
产品策划

产品策划是通过研究洞察得出综合调研分析结论，结合品牌自身情况构建产品策略，明确产品设计开发方向的阶段。学生在此阶段需明确项目需求，通过焦点访谈、头脑风暴等研究方法，围绕"办公室里吃零食"展开探讨，得出调研结论及产品方向。可锻炼学生的逻辑思维能力，培养设计者的策划能力，帮助他们从需求向产品落地的转换。

产品方向

明确项目目标后，采用焦点访谈、头脑风暴等调研方法进行用户研究，通过一般性问题和深入问题两个维度，得出以下结论与产品方向：

1. 食用零食场景：日常办公、加班、拖延情况和会议场景。

2. 食用零食目的：提神、解压，给工作带来些许趣味等。

3. 食用零食的顾忌：气味、声响、收纳性、包装脏手等。

4. 对零食的期待和看法：制造惊喜、有利于社交、不影响办公等。

针对市场研究及用户研发找到设计的突破点，并确定产品定义及设计方向，进行前期创意发散，提炼出有价值的核心创意概念，通过制作产品模型对其基本的尺寸、空间、结构及操作等进行验证，确保产品的可行性。学生基于办公室环境进行场景细分，聚焦于"上班时""会议""下班前"和"加班"四大场景，赋予零食产品新的设计概念。本阶段在于培养设计者发现问题、解决问题的能力，帮助他们掌握概念提炼的方法，培养其创新思维和团队协作能力。

办公室零食的关联因素

1.场景	2.收纳和存储	3.包装	4.清洁	5.功能	7.心理
1. 加班	1. 冰箱（标识不清、串味、变质、占位置）	1. 袋装撕开	1. 利用大包装装垃圾	1. 充饥	1. 针对各种不顺心的大小事的万能"解药"
2. 会议	2. 桌面（不被注意）	2. 纸盒包装	2. 手易脏	2. 解压	**2. 情绪性进食，填补某种情感需求**
3. 接待	3. 柜子（被遗忘、可否提醒）	3. 塑料盒、罐装	3. 瓜子、坚果带壳类残留垃圾多	3. 提神	3. 镇定、安抚、缓解不安（进食与吸烟最常见）
4. 社交	4. 挂桌边	4. 杯装		**4. 活跃气氛**	4. 开心
5. 出差	5. 夹在书立上或放在立收纳盒里	5. 纸制包装		5. 调节情绪	5. 压力大
6. 下午茶	6. 显示屏后（影响美观）	6. 可降解包装		6. 锻炼牙齿（耐嚼食品）	6. 不打扰别人
7. 一个人		7. 二次利用包装			7. 不被人发现
8. 头脑风暴					8. 方便

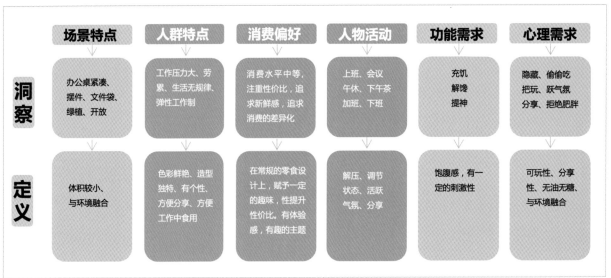

	场景特点	人群特点	消费偏好	人物活动	功能需求	心理需求
洞察	办公桌紧凑、摆件、文件袋、绿植、开放	工作压力大、劳累、生活无规律、弹性工作制	消费水平中等，注重性价比，追求新鲜感，追求消费的差异化	上班、会议午休、下午茶加班、下班	充饥解馋提神	隐藏、偷偷吃把玩、跃气氛分享、拒绝肥胖
定义	体积较小、与环境融合	色彩鲜艳、造型独特、有个性、方便分享、方便工作中食用	在常规的零食设计上，赋予一定的趣味，性提升性价比。有体验感，有趣的主题	解压、调节状态、活跃气氛、分享	饱腹感，有一定的刺激性	可玩性、分享性、无油无糖、与环境融合

定义1. 上班时

核心洞察：包装凌乱

食物选择：饼干、巧克力、山楂条

产品价值：融入办公环境、可分享

定义2. 会议

核心洞察：灵感枯竭，气氛压抑沉闷

食物选择：黑巧克力与坚果

产品价值：消除紧张的情绪，增强思维能力

定义3. 下班前

核心洞察：情绪会比较烦躁，办公效率低

食物选择：饼干，内含有淀粉成分

产品价值：充饥果腹、解馋

定义4. 加班

核心洞察：困、无聊

食物选择：有刺激性的、酸味

产品价值：加班提神、趣味

产品定义

创意发散

通过洞察与定义"上班时""会议""下班前""加班"四类办公室场景，得出了产品设计的核心痛点、品类选择等关键性结论。项目组经过深入透彻的解读分析，进行创意发散，尝试挖掘出办公零食的设计创新点，拓展市场潜力。

STEP 4
产品设计

通过有效的设计流程，将确定的产品初步原型作为设计基础，运用快速手绘计算机辅助设计及 CNN 快速加工、3D 打印等技术对设计方案进行直观的呈现及展示。设计者在此阶段基于对办公室环境的细分场景，对零食的品类、包装结构、CMF 等方面进行推敲，通过草图、建模渲染、场景应用、设计故事板来综合表达方案的核心设计。本阶段涉及较多的技术软件辅助设计及基础技能的运用，以创新思维主导设计流程，强化综合表达能力及设计执行能力。

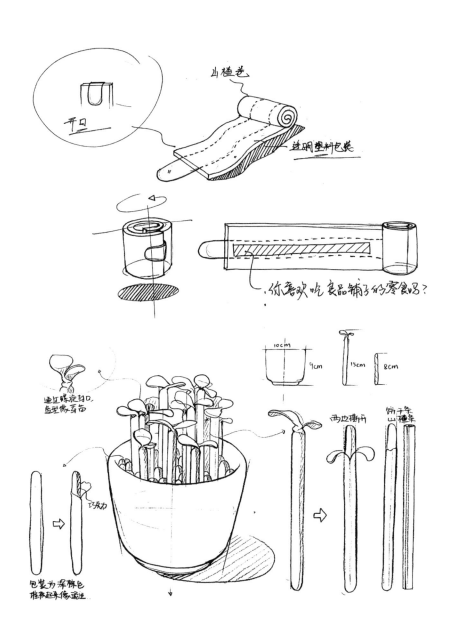

通过对《"小明"上班的一天》形象生动的故事板绘制，将用户代入办公场景，为效果图的展示做铺垫，为办公零食的最终效果图呈现增加了设计的惊喜度和趣味性。

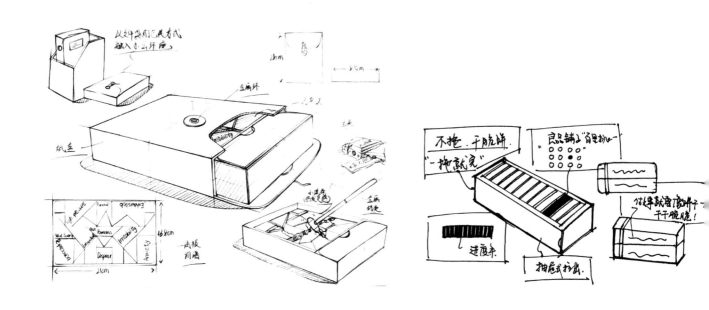

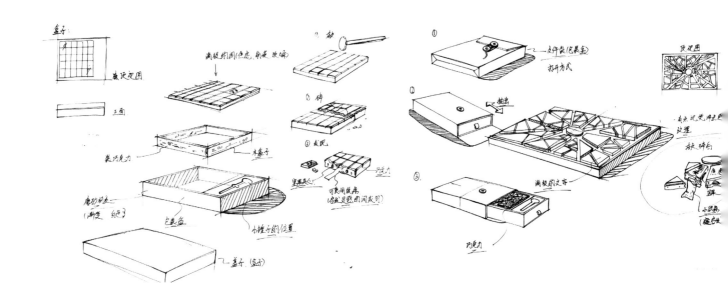

一款能**督促办公拖延症人群**的饼干。提醒，
激励**办公人群**高效率办公，加快**工作进度**！

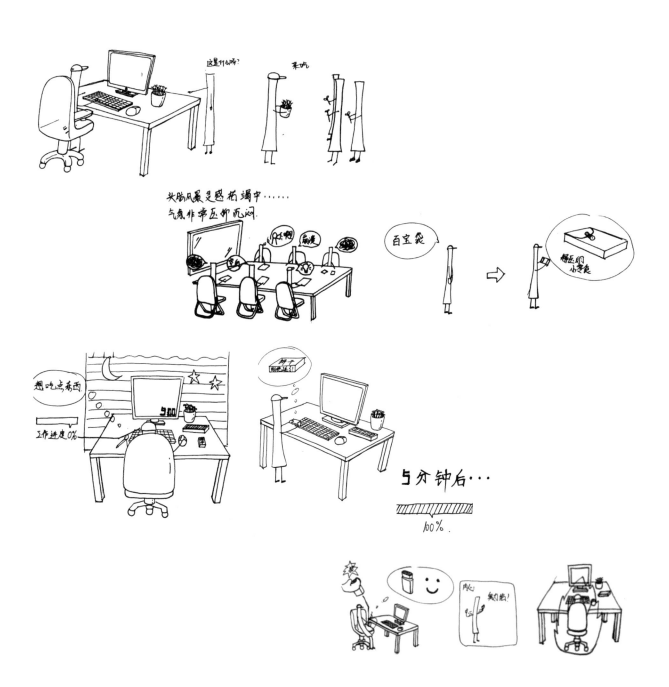

友机

"一盆生机"

打开方式

通过扭转封口成小芽形状

沿着两边撕开

建模渲染及场景应用

山楂条、饼干棒

旋转撕开

巧克力棒

"上班时"零食系列产品

巧炸

"—巧就炸"

"会议"时零食系列产品

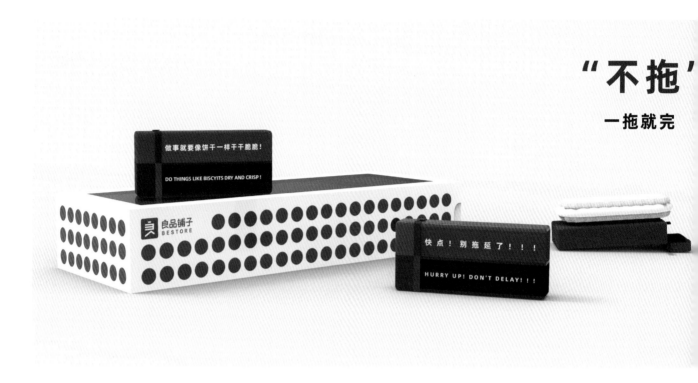

"不拖"

一拖就完

"下班前"零食系列产品

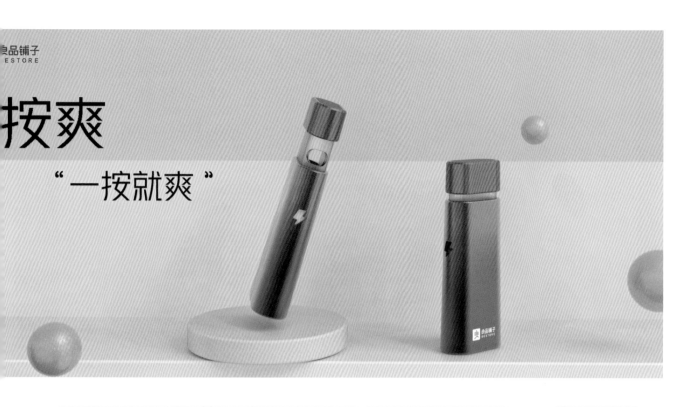

良品铺子
ESTORE

按爽

"一按就爽"

"加班"零食系列产品

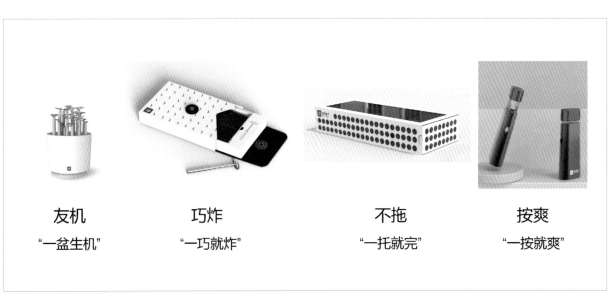

友机
"一盆生机"

巧炸
"一巧就炸"

不拖
"一托就完"

按爽
"一按就爽"

项目成果发布

教师＞罗冠章

从9月3日的实训开始，同学们的日程已经是排得满满当当的了。先是举行孵化营开学礼仪式，对每个实训学员进行技能测试，并初步着手项目沟通，5天做项目设计调研，4天做设计发散与提案讨论，结合草图与模型，4天做设计提案与进一步的深化，包括三维效果图的制作，3天是设计成果展示准备与提案的整理、正式汇报。

□ 零食设计组

第三小组在前三天还停留在调研报告的修改调整中，整体进度比第一、第二小组要稍慢一点。设计内容的详细调研和市场探索需要有比较多的设计理念来支撑。在面临设计想法数量不够、组员之间的沟通和疑问等一系列的现实状况时，大家的进度开始有所停滞了。我给出的建议就是尝试减少些沟通，等完成了一定的任务之后再进行阶段性的设计成果沟通，这样在一定程度上可避免过多的自我否定。后面的时间会越来越紧，容不得拖延。

□ 9月28日

下午，准设计师孵化营项目组开展项目进度汇报，汇报先由各小组组长作总体陈述。干衣胶囊组是每位成员单独完成一个方案，目前已基本完成了计算机三维模型的建模和

效果图渲染部分，提案的总体水平还可以，设计方案和PPT需要进一步调整，前期调研和定位仍需要梳理逻辑并做好排版工作。机器人小组全组共同完成了一个完整方案，基本已完成计算机三维模型的建模，效果仍不满意，需要深化细节和渲染效果图。PPT提案的基本逻辑已梳理完成，各部分小结及总结仍需要提炼，排版仍有多处瑕疵需重新修改。零食小组是每位成员单独完成一个方案。已完成计算机三维模型的建立和效果图的渲染。方案效果还可以，但仍有需要补充的说明图。汇报PPT文件需要梳理逻辑，做好每个方案的情节引入以及排版工作。三个组都需要留有时间熟悉报告内容并进行演练。班主任强调了汇报时要注意的三个方面：1. 注意演讲时间，每组将有15分钟的演讲陈述时间。安排好每个部分陈述的进度，时间紧迫的情况下汇报须抓住重点。2. 演讲内容要完整。从完成项目沟通开始做的设计调研、设计分析、设计定位、设计方案展示等，流程需要完整，可以尝试以倒叙的方式演示。（先展示设计成果，然后经由方案的解释讲述设计定位和展示调研结果）3. 产品设计要有说服力。演示过程中所提到的痛点及解决方案要客观且具有合理性。最后班主任与导师们商量任务的安排与节点的设置。

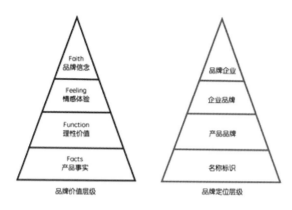

品牌价值和品牌定位的层级关系

教师 > 周唯为

∬ 构建产品推广策略、准确触达用户

9月29日上午10点，项振宇老师给孵化营小组上了一节关于设计推广及营销的课程——"构建产品推广策略、准确触达用户"。

这几天也是项目汇报的最后冲刺阶段，同学们都已经连续熬了三四个夜晚，有的甚至住在了公司，看大家脸色虽然不怎样，但是个个还是像打了鸡血一样。课程主要是围绕4个模块进行讲述：以产品触点为主线的生长型品牌成长路径；产品全生命周期的触点；产品力提升；传播力提升。

在第一个模块中，项老师通过对国内外的产品案例，深入阐叙了品牌与厂牌的区别，目前包括美的在内的中国大部分产品仍处在厂牌阶段，那么如何形成产品的品牌理念，则需要通过产品全触点以及自下而上的品牌路径去打造。接着，项老师通过 Bruno 料理锅、摩飞榨汁杯和 SKG 颈椎按摩仪等产品案例，具体分析了品牌价值和品牌定位的层级关系（上图），由此得出结论：在品牌定位上，需准确理解，找准定位，不盲目预期过高；在品牌目标上，

做到准确理解，洞察用户价值，品牌效应先行。

在第二个模块里，他反复强调了视觉触点的重要性，并结合了美的中央空调这一案例进行重点分析。在关于产品力提升的第三个模块中，他则提出了用户从重视产品的功能价值到现在重视"功能 + 认知"价值的这一转变。在最后的模块中，项老师再次通过 SKG 颈椎按摩仪的实际案例，系统性地阐述了如何通过"用户洞察 + 产品力"来形成有效的传播力。而做好一个项目产品的营销则是通过建立有效的模型，以科学、逻辑、严谨的方式，得出解决问题的方法，最终实现创新。课程的最后，项老师通过"我们的潜在用户是谁？""他们使用什么媒体平台？""他们被谁影响？""我们如何服务影响他们的人？"4个问题进一步引出了产品营销的本质：清晰的用户画像、聚焦资源在重点渠道、借势的重要性、做好基础数据的谈判技巧。

整堂课下来又是干货满满的两个小时，"构建产品推广策略、准确触达用户"作为孵化营的课程之一也是非常有意义的，相信孵化营小组在产品营销这一陌生的领域会有一个全新的认知，期待他们在今后的项目设计中也能把营销知识实际运用起来，真正做到学以致用。

设计任务

陈＞经过了初期的思维发散到逐步筛选，我们终于聚焦到了一个设计点上，反思和争论看来对确定设计立足点是非常重要的。工作分配上比较合理，将大家各自擅长的方面组合起来可以形成互补。

莫＞实训进行到中期阶段，大家变得更加熟悉了，凝聚力也更大了，在出现问题时能够一起解决，组长永丰的状态比前期更加投入，也提出了很多不错的点子，创新的想法很多；俊泉在中期做方案时不够坚定，一直怀疑自己；倩仪在我们组做 PPT 提案时不慌不忙，观点陈述清晰，表现还是挺不错的。

吴＞我们的小组工作分为两个大方向，两人一组做一个方向，我和俊泉一组，发挥自己擅长的部分进行分工合作。我负责推进造型，同时画手绘图，由于时间不够，草图只是画了个大概，效果还有待提高。

欧＞我负责的多人场景有两三个方案，因为赶时间只深化了其中一个方案。我手绘表现力较差，手绘就交给了倩仪，我负责方案的建模制作。

技能解锁

1. 在思路不清晰时，可以先设定一个结果，预计做什么产品，要达到什么目的，朝着这个方向去走就好。2. 产品策划有品牌需求、市场需求、用户需求三部分，策划的最终目标是价值实现的最大化，最大程度降低风险。3. 产品形态的灵感与推敲阶段，灵感建立在大量的方案积累、分析和学习上。4. 讲好设计提案需要方案结合本身的立意，梳理好主线和内容布局。提案演讲时要有代入感，把节奏、展示路径梳理清晰，有效组织手绘、产品名、文案、交互、故事情感等内容作为 PPT 的支撑，使提案效果更为生动立体。

市场调研

[甲方] 通过淘宝网、天猫网搜索现有的竞品作调研分析。

[设计方] 1. 与办公室零食项目相契合的市场现有竞品几乎没有。2. 可将办公室零食的趣味性作为销售的卖点。

试错方案

□ 设计方向

吴＞针对办公室多人吃零食的场景，设计一款在头脑风暴时吃的零食，它能让人放下紧张的情绪，减轻心理压力，调动压抑沉闷的气氛，获得一些意外的灵感。

欧＞工作下午茶的场景下，办公室零食有助于解压，设计一款可有效清空工作压力的零食。

个人评测（1~10分）：

陈永丰 > 自信心9、信念感8、挫败感5、经验值9、学习能力8、技能提升8、创意理念9
欧俊泉 > 自信心7、信念感7、挫败感5、经验值8、学习能力7、技能提升7、创意理念5
莫晓君 > 自信心8、信念感8、挫败感5、经验值8、学习能力8、技能提升8、创意理念7
吴倩仪 > 自信心7、信念感7、挫败感5、经验值9、学习能力8、技能提升7、创意理念7

□ 实施方法

吴 > 通过对零食本身的体验，选取以黑巧克力和坚果的结合来做一款调动办公室气氛的零食。黑巧克力中含有一种能够缓解紧张情绪的成分，而坚果能提高人的专注度。我们在黑巧克力方案中设计了一些消极的词语，用锤子敲碎它并吃掉它，就像把坏情绪吃进肚子里消化掉。敲的过程中还能让人感受到一些欢乐，敲碎后会发现巧克力里面有个小纸条，上面写有一句能启发灵感的话。

欧 > 一款山楂卷，酸味可以提神，打开方式为铺平卷起来的山楂，铺开的过程中，包装上会出现一句暖人的话语。

□ 执行效果

吴 > 前期第一次做草图方案时，我们设计了文件袋的包装方式，可更好地融入办公室环境。存在的问题是初步设计的形态比较笨重，不大好看！

前期第二次做草图方案时，问题一是锤子的造型不够精致好看，问题二是巧克力上的文字没有很直观地呈现出来，不够一目了然。推进了中英文与字体的排版效果。

欧 > 项目的场景代入感不足，缺少设计的支撑点。在明确了本次项目的设计目标后就要去做用户调研，包括对甲方之前的产品进行分析。用户调研的方法有很多，刚开始肯定会感觉头大，无从下手，所以在执行前要把调研的人群、信息来源等都想清楚，将线下调研和线上收集资料综合后再制定出调研问卷。通过聚焦、了解基本问题，把市场上同类产品的优点和不足都进行比对分析，从而来验证自己的设计。

莫 > 我们小组在中期阶段的进度基本处于落后状态，经过多次收缩、扩大，才聚焦到了一个点上，我才慢慢有了一些自己的想法。让我着急的是自己明显跟不上逻辑思维的节奏，这让我很被动。不过通过这此天的锻炼和学习，我的能力也还是有了一定的提升，但还不够。可能自身执行效率低，加上对项目各方面不熟悉，导致整个过程都进展得很慢，好在经过调整后来总算跟上了。

欧 > 做设计效果图要切合实际，结构要合理，不能为了效果而忽略结构的设置，产品外包装配色、标志的摆放位置等，这些也是要注意的细节。

吴 > 调研分析完成后，我们要针对发现的问题点去探索设计方案，前期的调研与后期的提案要衔接得上，所以总体的设计把控很有必要。

∬ 攻坚成果

陈 > 我们小组在最初推出的造型比较偏向可爱风，做出来的模型也挺好看的，但是与办公室场景下的目标人群可能没有那么匹配，所以后来又调整了很多次造型风格。产品造型要从设计的方向去把握，符合场景所需要的调性。

吴 > 每个方案要怎么做到很有代入感，需要从方案的演示入手。全屏大图的代入感比较强，采用大图加文字的排版设计，将有代入感的图片整体衔接并形成递进关系，首尾呼应地去呈现。代入中找出的问题点会在后面的提案中提出相应的有效解决方式。

欧 > 经过修改，草图与模型的效果与我们的设计方案基本一致，一直在担心草图和模型有出入或差异太大，不然设计又得重新来过。

莫 > 不同的产品可以通过不同的设计形式去呈现，我们小组做的办公室零食设计项目，用户人群相对年轻，思维也不会太常规，所以点子上可以活跃一些，代入感强一些。

设计体验

陈 > 1. 做 PPT 的逻辑要从头到尾捋顺，不要出现跳跃性

的略过，PPT 的内容呈现要分清主次、详略得当，明确哪些是要简略带过、哪些应该做重点陈述。2. 如果没有头绪，可以尝试着反推，说不定就会有意外的思路了。3. 多请教身边的设计师，他们的实战经验会让你在找不到方向时打开思路。

莫 > 1. 在不明确设计方向时，可先设定一个结果，能达到什么目的，再从这个核心来倒推。2. PPT 的逻辑尽量直接划重点、讲重点，让思维的链条缜密、经得起推敲。自己都理明白了才能从容应对他人的质疑和提问，不然就容易有漏洞。

欧 > 老师强调说"效果图能做多好看就做多好看"，我们现在的设计效果图要做到在视觉上有吸引力和记忆点。

吴 > 在做效果图气氛渲染阶段，渲染产品要从人正常所看到的角度去渲染，突出画面重点，衬托场景感。

陈永丰 >

时间过得真快，30天的准设计师孵化营已经结束了，这一个月里的开心、难过、迷茫……叠加在一起已然让自己身心疲惫，回头看却发现当真有不少收获，这难忘的时光，我仿佛看到自己成为准设计师的那一天，又有了不少使我们接着走下去的动力。

在东方麦田公司，有很多知识都在学校从未接触过的，虽然整个项目设计并没有想象中顺利，我们也是第一次接触零食产品的设计，而且还是良品铺子这种知名的零食品牌，有点小激动之余才发现自己对这些办公室零食确实没有什么经验。泛泛地开始想，去找思路，范围一直在缩小、扩大再缩小，经过几次循环，浪费了很多天时间，崩溃、迷茫、焦虑接踵而至，逻辑思维又总是跟不上，小组讨论中也出现了很多现实问题。直到最后，当提案最终获得认可时我们才算是尝到了一小波的甜。

这30天把我们这一群设计"小白"给整明白了：做一个项目最重要的前提是，要与客户有良好顺畅的沟通。客户的背景、商业信息、面向的人群主体、产品的定位、需要重点解决什么问题、产品线和市场定位，让甲方尽可能多地说出需求，还要有策略地一步步深入探问，否则可能

会导致后期着手设计时浪费更多的时间和经历不必要的周折。

初次面对客户，自己多少会有紧张的心理，多锻炼才能加以克服，中间有些问题没准备好就会卡顿，或是草草结束沟通，没能获取足够多有用的信息，这些不足需以后弥补。

进入用户调研阶段时，要同步对甲方之前的产品进行分析。用户调研的方法有很多，常用的有线下调研和线上收集资料后做出问卷，从而聚焦、了解基本问题以及验证自己的想法，了解市场上的同类产品，分析它的优点和不足。

在分析出与场景相关联的因素后，就要洞察用户在这些场景下的功能需求、心理需求有什么特点并提出产品定义，基于产品洞察与定义提出设想。这个时候就可以向客户提案，如果客户觉得有设计价值就可着手画草图、建模渲染、出效果图等。这30天我体验的基本项目流程，可能还有遗漏，我会好好梳理一次笔记本和照片记录，去更好地把知识吸收。

实训中我们不仅学习到了很多的知识，同时也建立了深厚友谊。在痛并快乐着中体验这段难忘的经历，加油吧！

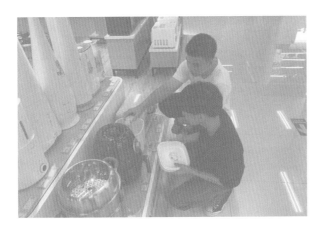

欧俊泉 >

实训让我感受比较深的是东方麦田的工作气氛，平时大家轻松交流、平等相处，工作也比较高效。尽管项目进度很赶，经常需要熬夜，在相对有限的时间里出一件设计作品还是要全身心付出拼一下的。

在产品定义环节，我们综合分析的场景分单人和多人，即个人加班、下午茶时段、头脑风暴的时间和场景。开始我们设想了比较多的文字描述，感觉听众可能会觉得繁琐、听不下去，后来改成以场景代入的形式，用场景大图搭配简短的文案。后期的呈现以单个场景代入，发现整个流程有点连接不上，又修改了几天，小组才最终决定用一个故事线把所有的场景串联起来，逻辑上也会更有说服力。

我们设定整个场景就像是一个人一天的上班生活。从逻辑紊乱的内容发散到有条理地讲故事，我懂得了设计提案阐述的关键因素：我是谁，我在做什么，我做的事情能为你做点什么，解决了什么问题，产生了什么价值。

专业课程学习的穿插就像我们的设计补给站，课程内容紧跟项目进程。我们还去了好几家工厂做实地考察，从一个产品的零部件生产制作到装配、检测、打包再到运输，每个环节都至关重要，里面涉及的产品结构、CMF、尺寸、性能等都要专门去了解研究。所以要成为一名真正的设计师，我觉得自己还差得很远。

其间，聚餐、逛街、聊天、品尝顺德美食、一起玩狼人杀游戏，这些事情让大家都能聚在一起，虽然次数不多，但可以让人一下子忘掉坏心情，舒缓疲劳，又满血复活式地回去奋战。

遗憾的是，我一直没有勇气去锻炼自己的口头表达能力，向大家自如地展现设计提案，而尝试就是突破，希望不久的将来我能勇敢地站在大家面前介绍我的设计，享受那种作为设计师的自豪与淡定。

这一个月也让我们认识了不少专业很厉害的设计师和同事，包括其他院校的学生，感谢所有帮助过我的老师、同事和同学，他们让我明白：三人行，必有我师焉！向大佬看齐！

莫晓君 >

孵化营的项目实践与在学校做项目的最大不同是，这是一个真实的项目，也是做一名准设计师的全流程实践学习，每个同学其实都期待满满，希望学完后功力有所增长，不负老师对我们的期望。

我们这一组是品牌零食开发项目组，这是我们第一次接触还是跨专业领域，不过发挥的空间也比较大。前期我们发散的范围太大，有点把控不住，不断在收缩、扩大再收缩、再扩大，循环往复，寻找最适合体现产品特性的区域。调研这一部分成了我们的拦路虎，很多天兜兜转转，我们的设计方向一直在调整中，最后回到了对办公室的人群场景再作提炼深化。

吴倩仪 >

孵化营结营的这一天，感觉自己好像也就是几天前才刚领了学员证，就到了要归还学员证的日子了，心里五味杂陈，很是舍不得。我们的照片和视频记录着日常的点点滴滴，感觉还是做了不少事情，课程也是上到"满格"状态。

这一个月以来老师对我们的照顾、帮助和教导，我都记在心中，实训让我们羽翼渐丰，回归校园、以后走上社会，都能用上在孵化营学到的点滴，来助力自己前行。

让我印象最深的就是"如何准确获取甲方的需求"这门专业课。我觉得自己不太懂得怎么去和别人沟通，经过多次模拟的场景练习，我也越来越自信了，越来越敢于表达我的想法，最终我还克服了不敢上台演讲的心理恐惧，代表我们小组上台发表感言，这也算是前进了一大步。在梳理PPT提案的思维逻辑大框架时，因为刚开始还不适应新的教学模式，老是感觉无从下手，这对自己的心态也是一种考验，如何在薄弱的基础上去尽可能地调整和改进，有意识地找专业理论、找方法去强化它。有时晚上加完班，大家都已经精疲力尽，那段时间路上不知道为什么有特别多的蜗牛，我们每次回宿舍都是提心吊胆地打着手电筒走路，就像在玩躲避蜗牛障碍的小游戏一样，生怕自己下一步一脚踩下去就中招了。虽然很担心和害怕，但也不妨当作是一种乐趣，让我们的大脑神经能立马就清醒过来，因为如果你不高度集中精神去看路，下一秒就会听见蜗牛壳清脆的碎裂声，不小心踩过一次之后会崩溃到再也不敢抬头走路，只能咬着牙全神贯注地往前走。这就如同做设计一样，痛并快乐着！

莫晓君 >

∬ 设计中的自我调适

平时生活中我喜欢观察身边人的行为习惯，对自己的设计会比较有启发和帮助。看大量好的设计作品，能让我能够比较有方向地去找设计灵感。如果需要重新修改设计或方案不被认可，我会让自己尽快调整好心态，往自己能做得好的方面去想，寻找突破。

作为设计师，面对客户是常事，在与客户沟通时最好是能弄清楚对方想要的感觉、效果，少走弯路，让设计能够顺利地走下去。与老师交流让我学到了如何有效地呈现自己的方案，和老师一起梳理逻辑框架，让方案更加清晰、明确下来，发现有哪些没呈现的地方就尽快补上。在实训中我最感兴趣的是学会了如何与客户建立良好的互动和沟通，运用导师教的方法去做产品定义，通过全流程的设计提案让我懂得了如何让设计表达得更有效。

∬ 真实设计的自我挑战

设计时要先熟悉自己所做的项目，采用线上和线下调研验证得出结论，通过研究洞察提炼出产品的准确定义，得出设计方案，用手绘草图表现，建模、制作出效果图。

在实训中能感觉自己的逻辑思维能力、沟通能力还是比较弱，软件技能也得多加练习，多看、多学、多练习才行；

这次尝试真实设计项目是个好机会，也是一次挑战，经过一个月的学习，每天都在增长经验值，做设计时感觉心里也比以前更有底了。

陈永丰 >

Ⅳ 设计就是改变自己

平时生活中我热爱摄影，注重观察生活细节，以培养自己的设计审美与鉴别力。我比较习惯多看设计作品，从内质到外质地去研究它们，坚持下来必将有所发现。

参加此次准设计师训练营，我的逻辑思维能力得到了很大的提升，也终于体验到做设计项目需要分先后流程，每个环节的工作衔接与贯通很重要。自己不久后将走出校园，要做好一名准设计师要有强大的心理承受能力和自信，具备沟通能力和审美能力，还要有相应的专业技能。学习中的实地考察对设计项目很重要，让我看到了一个产品从想法到实现的所有环节，也揭秘了很多平时在学校未能接触的专业知识。

在学习过程中，与客户的沟通我会尽量强调重点，直奔主题，减少不必要的环节和时间；与老师交流主要是梳理设计的整体逻辑，让方案形成足够的支撑点，并提高了自己独立处理和解决问题的能力。

需要重新修改设计或方案不被认可时，我会回过头去想设计为什么被否定，到底是哪里出错了，从而避免下次重蹈覆辙。在实训中感觉收获最大的是与客户的交流沟通，还有理解产品定义的课程学习，以及设计的技巧表达。

欧俊泉 >

Λ 设计新感觉

参加此次准设计师训练营的实际体验远远超出了我之前的
想象。在整个学习中我初步学会了产品设计分析的整体逻
辑。我觉得做设计师需要学会表达，同时要有较强的软件
实操能力，表现出自己应有的自信。产品设计的目标是解
决问题，做产品设计师就是为产品提供设计增值服务，根
据新的社会需求来创造新的设计。平时做项目我会先尽
可能多地去了解设计背景，查找相关资料，寻求设计的
突破点。

在实训时我们会同企业导师们交流，明确下一步要做什么，
每一环节需要做到什么程度和结果，从而有序地开展接下
来的设计工作。在设计体验过程中，让我印象最深的是在

项目提案的文案设置部分，经过洗脑式想出的广告语要让人印象深刻，需要团队的共同创意。而最难的是确定目标用户，我们在这一环节上反复了许久，经历了许多的起落和波折。这也是我们第一次有机会去实地考察制造工厂的内部生产，不过大家也只是停留在视觉上的观摩和现场体验阶段。因为自身的专业基础不够扎实，工厂师傅讲解的内容很专业，大多听不太懂，回来后我就会不停地问老师，或者自己去查些相关资料，有待今后有更深入的设计学习机会，去掌握更多的实践技能与设计的专业性知识。

在项目小组的设计配合中，我所承担的工作主要是后期制作、理清 PPT 提案的整体逻辑与思路，这些都让我在市场调研的资料收集和整理过程中得到了历练。虽说目前我还没有找到高效的方法，理清调研逻辑的速度也相对比较慢，但我想这是一个必经的过程吧。

修改的设计或方案不被认可时，自己多少会有一点点挫败感吧，但是我会告诫自己：要么不做，要么就做好，竭尽所能。当设计上碰到多项任务重叠的时候，我会尽可能地考虑不同事情的重要性，分出优先级，合理分配设计的时间。

在此次项目中，我的设计思维主要是确定人群，赋予产品新的感觉、新的体验，用优化的设计提案来满足消费人群的实际需求。

为客户做设计和在学校做设计的区别在于：直接对接客户，能锻炼自己的现场表达能力，积累实战经验，以后做设计会相对更有底气和胆量吧。

吴倩仪 >

∬ 设计是个有趣的旅程

我习惯在设计之前先对环境、人群、竞品作综合分析，通过洞察场景需求、人群特征、人物活动、功能需求、心理需求，再去定义需要设计的产品。为了找灵感，我通常会大量浏览一些比较好的设计网站。

很幸运能参加此次准设计师训练营，这些天我尝试了不同类型的设计工作，锻炼了自己的沟通能力。在学校接触到的大多数是老师和同学，当直面客户去对接、沟通并提案时，我跨越了心理障碍，也提升了自己的沟通与表达能力。

即将走出校园，我认为做一名准设计师需要具备全面的综合素质，包括专业知识和技能、审美能力和广博的知识、阅历，还要有比常人更敏锐的洞察力。还要执着于对细节的极致追求：由于设计师的观察和感受能力是设计的基础，对细节的处理关乎整个设计的成败。同时，也要注意角色的互换，转变常规的思维角度。好的社交能力也是设计师所应具备的。设计是服务大众的行业，不是做艺术品，需要精准捕捉到甲方的需求，确定目标。

在专业技能方面，只有过硬的设计技能才能让你不被淘汰，因此需要熟练掌握犀牛、Keyshot、PS 等设计专业软件。而掌握设计软件只是开始，对于产品设计师来说，从方案到量产之间的路其实相当曲折，也最能考验一名设计师的专业素养。对于产品结构、工艺、成本等，虽无需很专业但必须要懂，不然跟技术部门讨论时就只能被牵着鼻子走。任何技能的驾轻就熟绝非一日之功，背后的辛酸苦楚只有自己了解，所以做设计真的需要很大的热情，才能支撑你走得更远。但真正做下来一个项目，你会感觉设计是一个有趣的旅程，百般滋味都体验过了，作品才会生动而有故事。

在项目小组的设计配合中，我的工作主要是辅助组长与客户沟通，包括在访谈中辅助组长去沟通，随时做内容上的支持与补充，整体调节沟通气氛。我个人感觉要经过完整有效的客户沟通才能精准捕捉到客户的需求，提取有效信息并应用到设计中，更快地推动项目的进展。

设计并不总是一帆风顺，要在创作的挫败感之后找回自己。设计出现麻烦或问题时，我一般会先让自己吃点好吃的，暂时释放一下压力，再总结一下方案不成立的地方和差距，从中找出问题，再重新思考去建立自信。接到新的设计任务或工作，我会莫名地担心或紧张，但经过这一次实训，我学会了稳定情绪，将所学习到的一些思维方法运用到设计中，不断提升做PPT的能力，下一次一定会比这次更好。

在实训中，与客户的交流能很大程度地帮助我们能更高效地找准设计定位，梳理项目的逻辑思维框架。我们在老师的指导下，学习了如何准确获取甲方需求、如何让设计表达更有效，在项目外出调研中多看多问，多记录，回来再思考自己的设计。

训练营的学习即将结束了，在我们迷茫的时候老师就像海上的灯塔，为我们指明方向，给我们鼓励与支持。像陀螺一样高速运转的班主任总是在百忙之中抽出时间来给我们开会看方案，梳理问题，引导我们去解决问题。全程跟进我们实训的罗老师和周老师，感恩有你们无时不在的温暖和帮助。一起奔跑到终点的组员小伙伴们，一起熬夜赶进度的日日夜夜，我们相互鼓励，肝胆相照，一个月的时光见证了我们每一天的点滴成长和蜕变。风雨之后见彩虹，希望不远的未来我们还能再回到这个行业，共同成长！

升级课案：
准设计师补给站

一、设计新观点

1. 产品的定义

什么是产品？

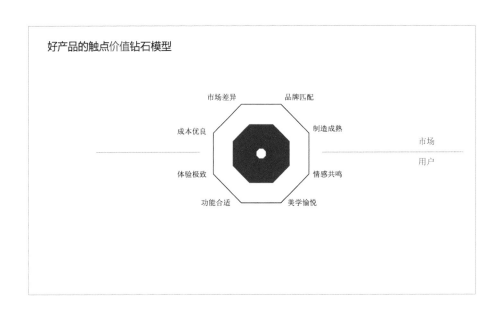

好产品的触点价值钻石模型

市场差异　品牌匹配

成本优良　　　　　　制造成熟

市场

用户

体验极致　　　　　　情感共鸣

功能合适　　美学愉悦

一个完整的产品由6部分功能构成：

1.消费者洞察：身体需要水 ←	———— 需求真实	输入
2.利益承诺：能解渴 ←	结果有效	↓
3.支撑点：干净卫生，随时可喝 ←	路径有效	承上
4.概念：瓶装水 ←	形成产品定义—最优解 ———
5.形式：一定容量透明体 ←	产品呈现—传统的工业设计	启下
6.内容：干净还有点甜 ←	用户沟通	↓
		方向

产品有各种形式：硬件，软件，服务，商业模式……功能逻辑是一样的

现实中太多垃圾产品需要工业设计师去拯救

工业设计本可以靠颜值吃饭，被逼着拼综合实力，是挑战更是机会

工程师作品　　　　　　　传统家电　　　　　　　舶来品

找到最优解

定义的价值：什么要、什么不要，谁主谁次，方向精准

产品定义的因子
科学合理的分类类目，贯穿项目全程

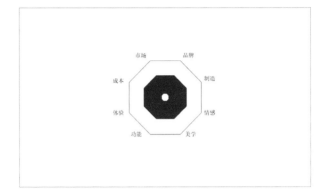

美的互联网品牌"布谷"的产品风格粗定义

产品造型风格定义的因子

生活有弹性又有力量，生活有点不规矩，简练中总有亮点。

形 有力有型的线条。刚而不硬，柔而不批。

色 原色+亮点色。雅而不闷。

质 低调的本色材料。奢而不扬。

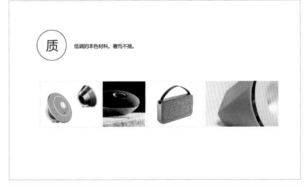

控 操控自如，方便自由。

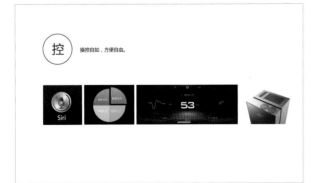

情 我就喜欢那一点。

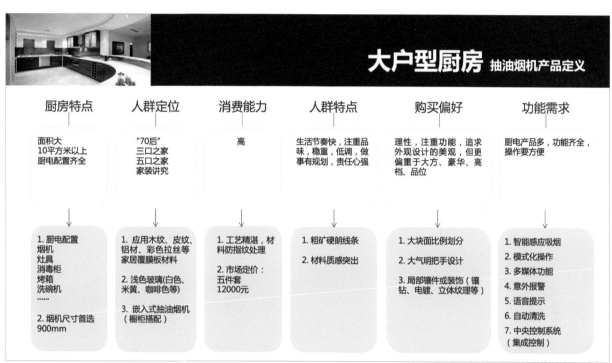

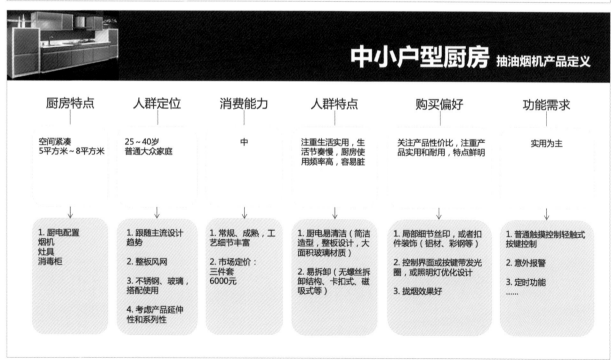

◢ "长板理论"

工作中通常简化产品定义的方式

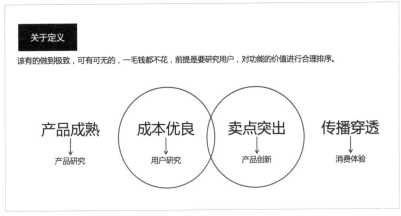

关于定义

该有的做到极致，可有可无的，一毛钱都不花，前提是要研究用户，对功能的价值进行合理排序。

产品成熟　　成本优良　　卖点突出　　传播穿透
产品研究　　用户研究　　产品创新　　消费体验

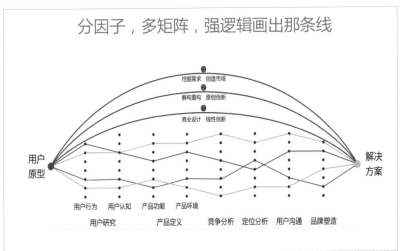

分因子，多矩阵，强逻辑画出那条线

③ 挖掘需求　创造市场
② 解构重构　原创创新
① 商业设计　线性创新

用户原型　　　　　　　　　　　　　　　　　解决方案

用户行为　用户认知　产品功能　产品环境
用户研究　　　　产品定义　　　竞争分析　定位分析　用户沟通　品牌塑造

◢ 产品定义与创新空间

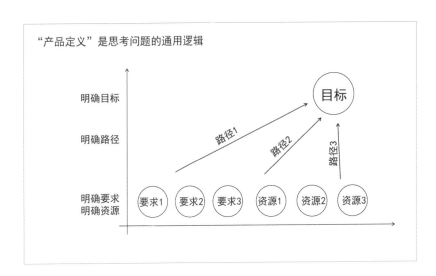

"产品定义"是思考问题的通用逻辑

明确目标

明确路径

路径1　路径2　路径3

目标

明确要求
明确资源

要求1　要求2　要求3　资源1　资源2　资源3

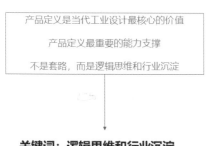

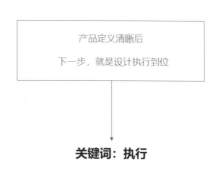

关键词：逻辑思维和行业沉淀

关键词：执行

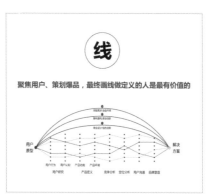

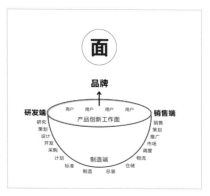

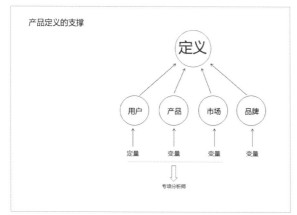

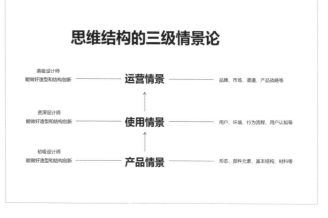

产品设计到底是在设计什么?

外观 形态　颜色　材质　交互	**结构** 脱模　装配　机构　电控 课后题目:设计师需不需要懂结构?为什么?
动手设计前的准备工作 关键词:转化	**转化** 把产品定义的产品场景/规格/设计风格 转化成为设计要素

例

一款便携式的,适合在办公场景使用的,颈部按摩仪,目标人群是上班族白领。

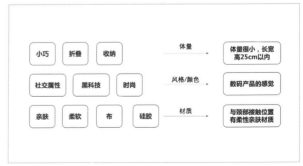

如何让自己灵感常在，文思泉涌？

灵感培养的方法

设计灵感的生发

是把记忆中的产品形态调用出来的过程

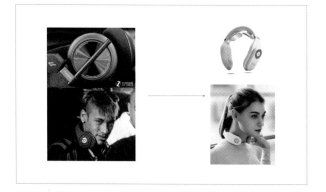

分析	练习
积累	梳理

长时间的大量训练，每个人都是灵感大师

灵感

灵感，指在文学、艺术、科学、技术等活动中，由于艰苦学习，长期实践，不断积累经验和知识而突然产生的富有创造性的思路。

一种在人类活动中由看似偶然因素突然激发的、情绪特别昂奋、思维特别活跃、极富创造力的精神状态。

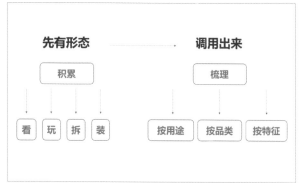

先有形态 ⟶ **调用出来**

积累　　　　　梳理

看　玩　拆　装　　按用途　按品类　按特征

推敲的标准是什么？

什么才是好设计？

设计师美感很好？

一个设计很有灵气

误区：姿势不对，产品失型

姿态   交互

设计时需要推敲什么？

比例   材质颜色

比例

就像人身体的比例一样，同样身高的人，好的比例，会让人显得更高大。

体量

不同产品的体量，决定了产品本身固有的形态特征

误区：不分"轻重"，用力过猛

材质颜色

姿态

每个产品都有它应有的姿态
如果姿态不对，会让人觉得非常不舒服

通过产品使用场景和人机交互进行分析和判断，
来确定一个产品应有的姿态，从而确定其大体形态

把这几点分析清楚了，产品形态就有了基本方向，
这也是我们衡量一个产品是否具有美感的标准。

产品概念

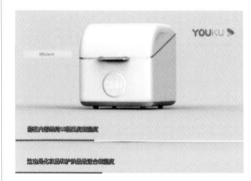  

问题：美妆冰箱是什么东西？解决了什么问题？

①保鲜　　　②收纳　　　③取用

研究框架

目标：通过用户研究，对目标消费人群进行定位，挖掘该人群的需求和喜好。

- 研究时间：2019年7月26日—2019年8月3日
- 团队成员：曾杰、李建星、孙悦、党雯博、彭悦刚
- 研究方法：桌面研究、问卷调研、入户访谈

桌面研究	问卷调研	入户访谈
• 对各大综艺节目视频进行分析，得出结论	• 根据产品需求设计问卷，并发放给目标人群	• 深度访谈典型化妆收纳使用用户，了解使用流程、存在问题等

桌面研究　　①美妆品类调研

能放入冰箱的美妆品							
面膜	精华	香水	指甲油	化妆水	保健品	有机化妆品	酵素类产品

最适合这些美妆品和保健品的冷藏温度在10℃左右，冷藏保持恒温最佳，切忌忽冷忽热，容易影响产品功效；部分产品的冷藏温度在冬天能够适当升高，但不宜过高，保持常温最佳。

不能放入冰箱的美妆品	
油类产品（护发油，护肤油）	眼影、腮红、粉饼
原因：主要成分荷荷巴油的熔点是7℃，低于7℃～10℃会凝固	原因：极易吸收冰箱中的水分

问卷调研　（**头脑风暴** —— 需求验证）

- 目标用户人群：上班族
- 爱美女性白领对于美妆物品收纳的要求？期待什么样的智能产品？

A. 适宜的保存环境
B. 取用方便
C. 容纳各种物品
D. 低能耗
E. 出门便携
F. 智能提示
G. 人机交互体验

入户访谈

- 数据来源：**【定性访谈】**采访2人，摄影人，摄像1人，笔录1人

受访者原话 ——————————————————————→ **● 功能需求**

"我在化妆护肤的时候一定要有镜子和灯" ⟹ **设备**
"冬天用面膜的时候，会用热水泡几分钟" ⟹ **制热**
"90%以上都是进口产品，有时候忘记它
是干嘛的，自己看不懂，需要查询" ⟹ **翻译**
"外出会携带一些像卷发棒之类的小电器" ⟹ **接电**
"希望能够更加人性化，或者是产生交流" ⟹ **交流**
"刷子、海绵等需要记得定期清洗和晒干" ⟹ **记忆**
"堆叠放置，都是自己记忆东西放的位置"

① 镜子
② 灯光（接近日光效果）
③ 制热制冷的切换
④ 多国语言的翻译
⑤ 提供小功率电器的接电口
⑥ 与人进行交流
⑦ 部分区除湿干燥
⑧ 智能提示物品位置

痛点、需求点总结

电商渠道评价	问卷调研	入户访谈
①空间划分不可调	①镜子和可调节灯光	①镜子和灯光（接近日光效果）
②冰箱内部产生冷凝水	②皮肤肤质检测	②制热制冷的切换
③冰箱内部无照明灯	③化妆品保质期检测	③化妆品的识别
④表面容易产生刮痕	④断电储温	④物品堆叠阻挡视线，不好拿取
⑤色彩选择受环境影响	⑤APP连接	⑤搬取冰箱，内部物品晃动散乱
	⑥触屏操控	⑥能够人性化设计，产生人机互动
		⑦智能提示物品位置

用户偏好

問卷調研　②風格倾向分析

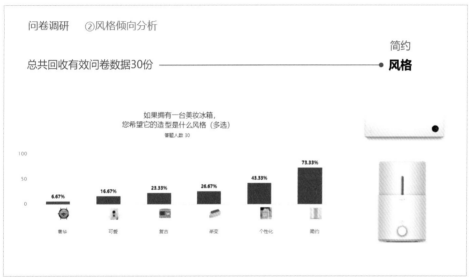

問卷調研　②色彩倾向分析

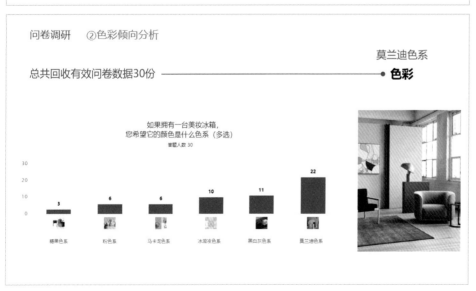

问卷调研　②材质倾向分析

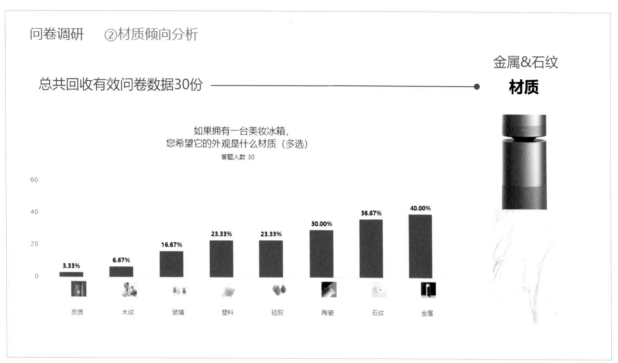

金属&石纹
材质

总共回收有效问卷数据30份

如果拥有一台美妆冰箱，
您希望它的外观是什么材质（多选）

答题人数 30

皮质	3.33%
木纹	6.67%
玻璃	16.67%
塑料	23.33%
硅胶	23.33%
陶瓷	30.00%
石纹	36.67%
金属	40.00%

功能总结

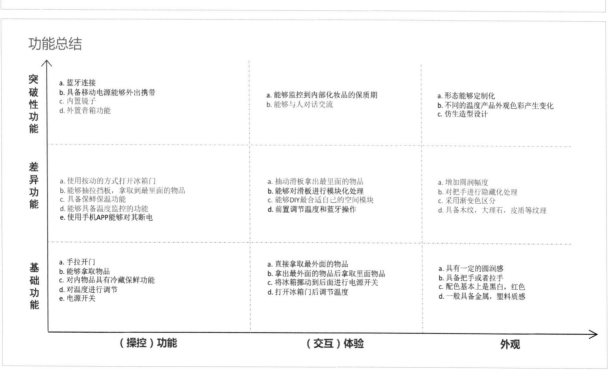

	（操控）功能	（交互）体验	外观
突破性功能	a. 蓝牙连接 b. 具备移动电源能够外出携带 c. 内置镜子 d. 外置音箱功能	a. 能够监控到内部化妆品的保质期 b. 能够与人对话交流	a. 形态能够定制化 b. 不同的温度产品外观色彩产生变化 c. 仿生造型设计
差异功能	a. 使用按动的方式打开冰箱门 b. 能够抽拉挡板，拿取到最里面的物品 c. 具备保鲜保温功能 d. 能够具备温度监控的功能 e. 使用手机APP能够对其断电	a. 抽动滑板拿出最里面的物品 b. 能够对滑板进行模块化处理 c. 能够DIY最合适自己的空间模块 d. 前置调节温度和蓝牙操作	a. 增加圆润幅度 b. 对把手进行隐藏化处理 c. 采用渐变色区分 d. 具备木纹，大理石，皮质等纹理
基础功能	a. 手拉开门 b. 能够拿取物品 c. 对内物品具有冷藏保鲜功能 d. 对温度进行调节 e. 电源开关	a. 直接拿取最外面的物品 b. 拿出最外面的物品后拿取里面物品 c. 将冰箱挪动到后面进行电源开关 d. 打开冰箱门后调节温度	a. 具有一定的圆润感 b. 具备把手或者拉手 c. 配色基本上是黑白，红色 d. 一般具备金属，塑料质感

提手：阳极氧化金属

长:300mm
宽:240mm
高:330mm

温度显示区

旋转式开门

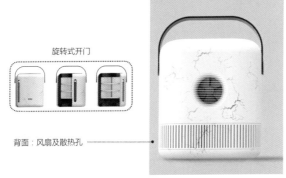

背面：风扇及散热孔

旋转隔层：可DIY拆卸组装

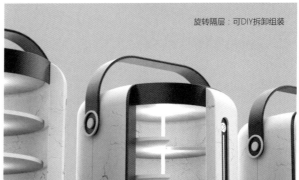

手势触控调节温度

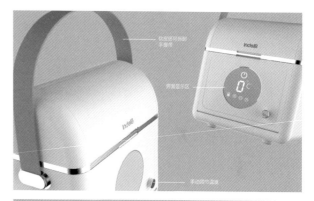

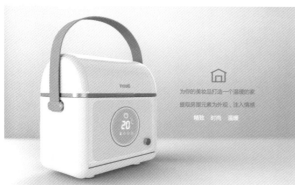

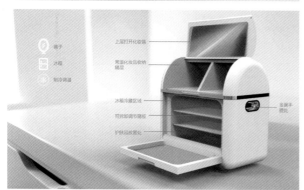

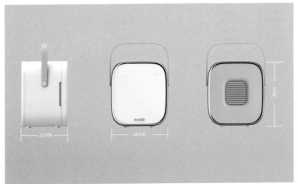

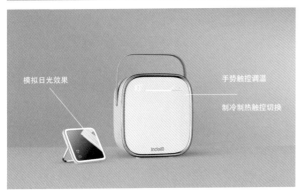

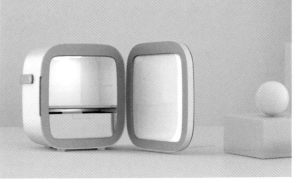

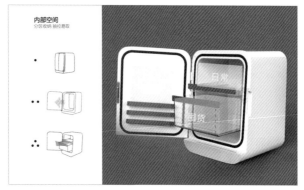

内部空间
分区收纳 抽拉易取

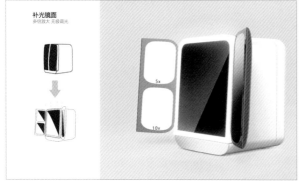

补光镜面
多倍放大 无极调光

5x

10x

补光镜面
桌面放置 小巧易携

225mm

250mm

270mm

310mm

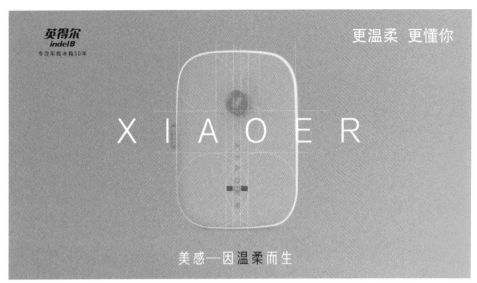

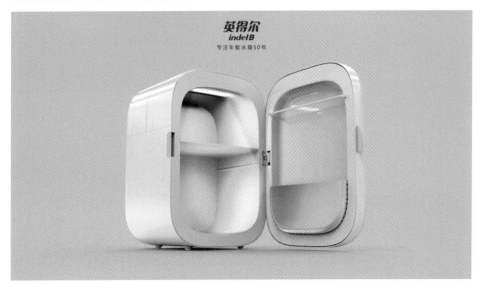

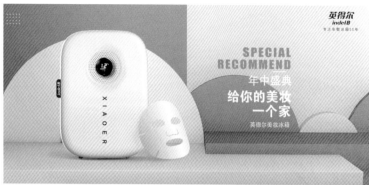

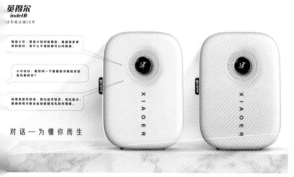

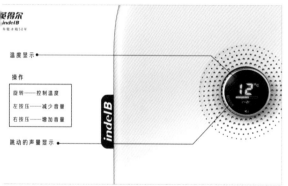

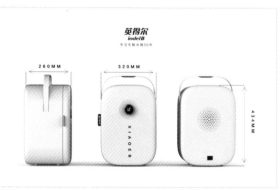

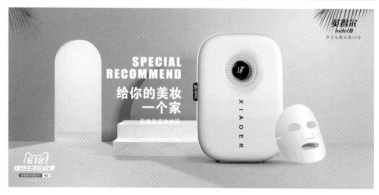

■ **用户使用过程存在问题**

	线下样本	线上样本	现有产品的解决方式
水盒和积水槽的使用	**1. 水盒隐藏于积水槽后面，取出较麻烦**	水盒不易清洗	美的PS2001｜将水盒和积水盘连接在一起，可以一同取出
		水盒加水过程麻烦	美的、格兰仕、云米等｜将水盒设计在箱体右侧等其他位置
	2. 积水槽取出不顺畅	水盒漏水	美的PS2001｜尽量减小积水槽与箱体之间的空隙，使用户更快找准位置的同时，更加美观
	3. 清洗不方便	不清楚是否需要纯净水	
		水盒无滤水功能	
	4. 无法判断水盒内水量多少，需要打开检查		格兰仕DG26T-D30｜水盒外置，且有水量显示 云米VSO2802｜透明材质水盒，便于观察水位
	5. 加水时有水外溅		美的、格兰仕、云米等｜水盒位于箱体右侧，抽拉式水箱
	6. 使用后积水槽难以清洗干净		
	7. 使用后忘记将水盒中剩余水倒出		

■ **用户使用过程存在问题**

	线下样本	线上样本	现有产品的解决方式
烹饪过程	**1. 打开灯依然难以观察到箱体内部的情况**	噪音大	华帝 ZKMB-28GB18｜耐高温腔体照明
		蒸功能的效率低，耗时长	
	2. 烤制食物过程中箱体外部发热较严重	温度不受控制	华帝i23007 嵌入式烤箱｜密封控温技术，在箱体中有一层保温棉，高密封性可以避免热量流失
		玻璃门会烫手	
	3. 预热过程缓慢	担心排气口使厨房潮湿	华帝i23007 嵌入式烤箱｜智能预热技术，开启即预热，预热结束进行提醒
		担心排气口会烫伤人	
	4. 预热中途打开门后会迅速降温，然后要重新升温预热	排气口喷气力度大	daogrsM9 Pro｜探针度量食物中心温度，一键达到指定温度
		产品存在异味	
	5. 箱体由顶部排气口喷出较热蒸汽	烹饪过程中食物串味	75%的产品排汽孔位于产品背面右上角，20%产品则放置在正面左下角。
		加热不均匀，食物没有熟透	
	6. 用户忘记向水盒加水，但打开蒸功能模式后依然运作，温度不上升，没有提示缺水	食物没有蒸熟	凯帝 ST28S-E6/巴科隆BK-28B｜有低水位预警功能

■ 用户使用过程存在问题

		线下样本	线上样本	现有产品的解决方式
取出食物		1. 需要找手套或抹布，取出过程小心谨慎	开门时蒸气太多，使眼镜起雾 开门时产生的蒸气容易烫伤	惠而浦嵌入式ES-58M2 | 冷却防烫技术 九阳ZK01 | 悬停拉门减缓蒸汽外冲，随意悬停
		2. 取出重量较大的食物时需要停放在门上	箱体前倾，不稳定	
		3. 取出后，烤盘底部有水、油等液体，易弄脏放置烤盘的地方		惠而浦嵌入式AMS21T6321A | 蒸汽冷凝技术
清洁	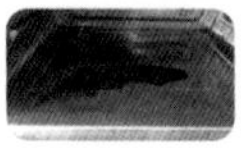	1. 底部残留水、油等液体，难以一次性擦净	使用过后有太多积水残留 不容易清洁	惠而浦嵌入式AMS21T6321A | 智能除垢、高温蒸汽清洁
		2. 箱门上残留较多水分	产品有水汽的地方容易生锈，如烤架、烤盘和烤箱箱体内部	云米嵌入式VSO4501-B/VSO4501-W | 整体焊接箱体，不易藏污纳垢 天倬 | 一键除垢 美的嵌入式蒸烤TQN36FTZ-58 | 蒸汽水箱设计
		3. 箱体内无法完全擦干		美的台式PS20C1 | 全玻璃门内板 惠而浦AMS21T6581A | 自动风机抽气 惠而浦WTO-CS262T | 底板辅助加热
其他			运输过程箱体受挤压变形 售后服务体验差 耗电严重 占用空间太大	

■ 问题整合及提出痛点

过程名称	图示	存在问题	痛点
水盒和积水槽的使用		1. 水盒隐藏于积水槽后面，取出较麻烦 2. 积水槽取出不顺畅 3. 清洗不方便 4. 无法判断水盒内水量多少，需要打开检查 5. 忘记把剩水倒掉 6. 中途加水不方便	1. 水盒、积水槽取出时存在不便 2. 无法对水量进行监控
放入食材		1. 将烤盘放到较高的位置时需要弯腰才能观察烤箱内部 2. 食物较多时难以放入	3. 将食物放入时存在不便
模式调整		1. 无法确定烹饪的参数 2. 模式选择逻辑复杂，选择过程较长 3. 调整过程中出现失误需要重新调整 4. 电源键不清晰 5. 使用需要弯腰操作观察显示屏 6. 菜谱推荐时间偶尔有误	4. 模式选择的步骤复杂 5. 操作面板人机不合理 6. 烹饪参数难以确定
烹饪过程		1. 在食物较多的时候，打开灯依然难以观察到箱体内部的情况 2. 烤制食物过程中箱体外部发热较严重 3. 预热过程缓慢，中途开门迅速降温，又要重新预热 4. 箱体喷出蒸汽 5. 加热不均匀，食物没熟透 6. 噪音大 7. 没有提示加水 8. 散发异味	7. 箱体发热严重 8. 蒸汽喷出使用户感到防备 9. 箱内灯光不足以观察内部情况 10. 无加水提示 11. 烹饪效果不佳
取出食物		1. 需要借助手套或抹布，取出过程小心谨慎 2. 取出重量较大的食物时需要停放在门上，导致箱体不稳 3. 取出后，烤盘底部有水、油等液体，易弄脏放置烤盘的地方 4. 开门时蒸汽太大且温度高	12. 取出食物时存在烫伤风险 13. 箱体不稳固 14. 开箱时蒸汽大

■ 问题整合及提出痛点

过程名称	图示	存在问题	痛点
清洁		1. 底部残留水、油等液体，一次性难以擦净 2. 箱门上残留较多水分 3. 无法完全擦干 4. 易生锈	15. 内腔难以清洁 16. 箱门残留较多水分
其他		1. 售后服务体验差 2. 耗电严重 3. 占用空间大 4. 运输过程中挤压影响使用	17. 运输和安装过程损坏产品

■ 痛点的分步骤解决

	外观	材料	结构	功能	性能	交互
未来方向	a. 突破现有长方形造型 b. 隐藏式排汽口设计		a. 箱体自清洁	a. 简化功能设计 b. 远程操控 c. 每日菜谱推荐	a. 快速烹饪	a. 自动模式选择
重点设计	a. 运输和安装过程损坏产品 b. 年轻化、科技感设计	a. 箱体发热严重	a. 蒸汽喷出使用户感到防备 b. 将食物放入时存在不便 c. 内腔不易清洁	a. 无法监控水量 b. 烹饪参数难以确定 c. 无加水提示 d. 箱内灯光不足以观察内部情况	a. 箱体不稳固 b. 开箱时蒸汽大	a. 操作面板人机不合理
马上整改	a. 色彩符合厨房环境 b. 造型趋近方形		a. 水盒、积水槽取出时存在不便	a. 取出食物时存在烫伤风险		a. 模式选择的步骤复杂

206

■ 台式蒸烤箱设计因素总结

台式蒸烤箱设计因素总结表

		需求点	目标方向	备注
外观	造型	适用于家庭厨房环境	外观设计线条流畅，简洁	也可根据需要选择独特造型
		便于运输和安装	不易在运输过程中损坏	
	色彩	产品色彩能融入使用环境	以简约色彩为主，如黑色、白色，可适当搭配其他颜色	
功能	使用	菜单推荐	设计推荐菜单的功能和形式	建议设计更丰富的菜单
		水量提醒	结合水盒的位置进行水量显示设计，或在操作面板等位置进行水量提醒设计	
	安全	防烫设计	打开箱门及取出食物时不易被高温烫伤	
		隔热设计	箱门多层隔热玻璃设计，箱体隔热设计	
		排气口不影响用户操作	排气口的位置及形式合理	
	清洁	内腔、箱门易清洁	内腔的加工方式、表面处理，箱门处密封圈的设计等	
性能	产品	箱体稳固	在使用过程中不易发生晃动	结合适用人群，建议容量20L左右
		产品容量合理	针对目标人群设置较为合理的尺寸	
	技术	烹饪效果好	温度易调控，加热速度快，受热均匀	
交互	人机	面板、把手设计符合人体工学	用户操作体验更加舒适	建议采用按键与旋钮结合的形式
	操作	简化模式选择的步骤	减少模式调节过程的步骤和用时，使用更加简便	
推广		产品有较高的认同感	明星、厨师代言等合理宣传方式	

■ 外观设计方向

外观设计线条流畅，简洁

结合用户的喜好与蒸烤箱设计的趋势，定义产品的外观形态。一些家居用品、厨电等都可以作为外观造型的参考。

产品色彩能融入使用环境

针对用户群体的厨房环境进行色彩搭配，使产品能融入使用环境。

■ 外观设计方向

产品的材质与表面处理

考虑不同金属材质的搭配选用，以
及表面处理的效果，使产品更加年
轻化、科技感。

■ 人性化设计方向

防烫设计

在防烫设计方面，美的有较为独创性的
把手设计，但此设计仍存在不足之处，
思考是否有其他防烫设计的形式。

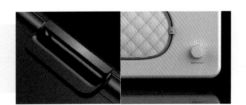

加水式设备的相关设计

现有产品的加水操作普遍比较复杂，参
照其他加水式设备的方式，对水盒、积
水槽的位置与操作方式进行设计。

■ 交互设计方向

产品的面板设计

面板的材质与控制方式为主要创意点，可参考功能较为复杂的汽车控制面板等。与此同时，面板的使用也应该更符合人体工学。

产品的把手设计

参考其他产品的把手设计，如电器、智能门锁等具有科技感的把手部分，主要针对把手的造型，并结合面板的位置与交互方式，进行设计。

■ 用户使用场景

桌面摆放、悬挂、橱柜嵌入
烤箱上方存在遮挡/覆盖现象

■ 用户行动路径

使用蒸烤一体箱进行蒸食物操作的一般流程

清理水盒，加水 〉放入食材 〉开机 〉调整模式 〉开始烹饪 〉打开箱门 取出食物 〉清洁 〉关机

使用蒸烤一体箱进行烤食物操作的一般流程

放入食材 〉开机 〉调整模式 〉开始烹饪 〉打开箱门 取出食物 〉清洁 〉关机

■ 特色竞品权重分析

特色竞品权重分析

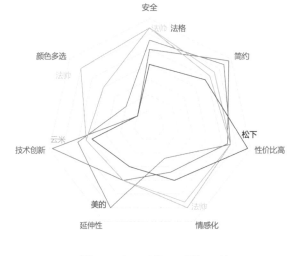

—— 美的　—— 云米　—— 法格　—— 法帅　—— 松下

■ 品牌分析总结

现有品牌分析总结

品牌		造型	系列化延伸	技术功能	操作人性化	CMF
美的	Midea	整体简约，细节突出	台式品牌特性强	功能齐全，旋钮操控	把手防烫，首创设计	高端时尚
云米	VIOMI云米	整体性强，太空舱口特点明显	台式品牌特性强	多端联控，远程操控	互联网操控、监控	未来感镜面
松下	Panasonic	向正方形趋势发展	控制面板独立可更换	Wi-Fi 智能操控	倾斜操控界面，符合人机	低价位产品采用升级亚克力
法格	FAGOR	整体性强	配色、把手易于延伸	精准控温芯片		色彩丰富
法帅	FASAL	整体性强	配色、把手易于延伸	高效节能，黑镜触控	台嵌两用	色彩、装饰丰富
惠而浦	Whirlpool 惠而浦	简约，分割单一		蒸汽冷凝，智能除垢		金属品质感
格兰仕	Galanz 格兰仕	灵活多变，新品向正方形趋势发展	可延伸性强	智能除垢	倾斜人机界面	高级感
凯度	Casdon 凯度	简约，大块面呈现		四维散热技术，智能除垢	外置水盒，方便加水	质感中等
天倬	TIMZUU	细节线条装饰	可延伸性强	一键除垢		质感欠缺

■ 用户使用场景

使用环境大多为厨房
环境色彩多为暖调、白色

■ 线上用户需求

排气口
- **不用担心厨房会变得潮湿（4）**
- **不用担心会烫伤（2）**

清洁
- **容易清洁，不用担心会生锈（3）**
- **蒸煮结束后，无太多水分残留（1）**

操控
- **操控简易准确（4）**
- **有参考菜谱（2）**

水盒
- **有滤水功能（2）**
- **加水操作指引清晰**
- **容易清洗**

噪音
- **安静烹调，减少噪音**

异味
- **没有塑料异味**
- **没有烧焦味**

安装方式与空间
- **不占空间**
- **既能放置，也可以悬挂等**

功能
- **能否完全取代微波炉、烤箱等（2）**
- **有能弥补厨艺不好的功能**

安全
- **打开门时，能避免蒸汽太大造成烫伤、眼镜起雾**
- **门把手发烫程度低**
- **箱体外壳、门板发烫程度低**

烹调效果
- **烹饪时间短**
- **同时烹饪不同食物时不会串味**
- **食物烤得均匀、熟透**

未来蒸烤时尚
极简语言 | 精巧曲线

智能面板，把手结合

365mm×480mm×410mm

流畅弧线，极致体验

朋克蓝

灵活把手，智慧防烫

440mm×510mm×490mm

轻按弹出，轻松加水

灵活扣合，轻松分离

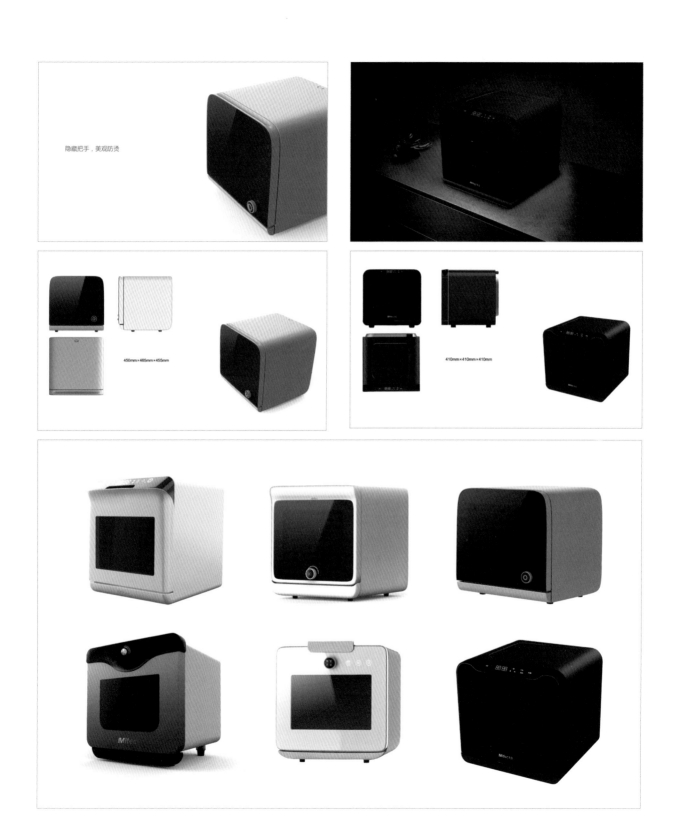

隐藏把手，美观防烫

450mm×465mm×455mm

410mm×410mm×410mm

蒸时代
做新厨房的自信厨师

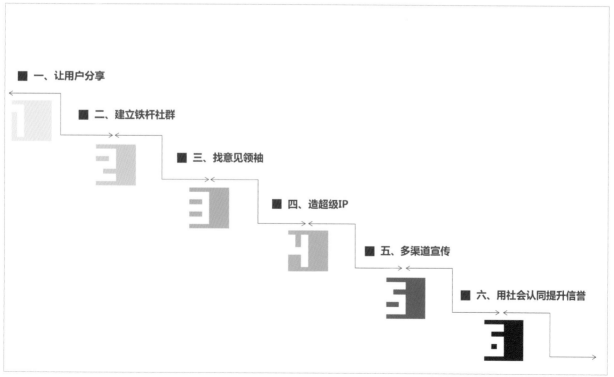

■ 一、让用户分享

■ 二、建立铁杆社群

■ 三、找意见领袖

■ 四、造超级IP

■ 五、多渠道宣传

■ 六、用社会认同提升信誉

■ 一、让用户分享

用户**主动传播**产品即分享

分享的首要前提是产品具有**分享基因**

激发用户分享的欲望

● 实用性：便于操作的人机、**简单烹饪**

● 标榜自己：体现自己**热爱烹饪**、热爱生活态度

● 强化和培养关系：建立厨艺交流平台

● 实现自我成就：使用蒸烤箱后的菜品丰盛，满满**自豪感**

● 参与公共话题：跟上时代进入**美学厨房**

这五个特性反映用户两种需求，**社交与分享**。

措施

◆ 增加谈资：

在文案或主体上有较**强话题性**与**趣味性**，增加传播度。例如随着人类的进化而厨艺却逐渐退化，直至出现蒸烤箱使得烹饪更随心、更舒心省力的具有**记忆点**的故事线。

◆ 竞赛机制：

增加分享**厨艺排行榜**之类的机制，设置相应的奖励措施，带动用户传播。

◆ 打造专属：

规定分享多少人才有获得产品的某种权限，比如优惠券、附送**烹饪小礼品**套餐等。

■ 二、建立铁杆社群

培养**核心用户**，由他们组建的群体就是**铁杆社群**。

首先，必须和用户建立足够的**信任**。

其次，给用户进行**分级**，分为：

● **目标用户**：想买这类却不知选哪个牌子

● **潜在用户**：想达成目标不知选哪种产品

● **边缘用户**：不想达成目标

最后通过三个**运营策略**让用户进行升级：

1. 通过增加**宣传手段和力度**让边缘用户知道蒸烤箱这个产品，如果购买并使用就可以变成**尊享客户**。

2. 通过**高质量的售后服务**让目标用户增加传播频率，比如增加保修年限时长等福利内容。

3. 通过与潜在用户构建心理认同，即拥有**共同价值观**，比如一起"**简单烹饪、爱上生活**"之类的，同时给予用户对产品的期待，增强其对蒸烤箱的认同感。

■ 三、找意见领袖

寻找专业领域的专业人士，利用他们的**影响力**来增加用户的**信任**。

- 列出一份形象代言人名单，名单要与蒸烤箱产品的目标用户有关，例如**五星级大厨、米其林大厨**等知名度高的专家。

- 让代言人输出价值，建立良好的关系，宣传时需引用并转发他们的话。

- 与代言人建立**互利互惠**的或方式，建立深度合作，让其参与推广及各种营销活动。

■ 四、造超级IP

打造IP的三个核心要素：**真实、联系、标签**

- 找到擅长且独特的领域：擅长**蒸汽烤**、人性化操作界面

- 保持长期一致的设定：注重**人机**操作

- 努力做到该领域的头部：逐渐向美的、云米蒸烤箱靠近并寻求**超越**机会

- 努力与该领域的其他知名品牌建立联系：可以与生产高端蒸烤箱的大品牌**合作**

- 对用户真心付出，不断给予超出用户预期的价值，注意用户的观察：给予蒸烤盘位置的**人性化提醒**

- 更努力输出有价值的内容：**倒水孔位置的改变**使清理水盒更简易

- 创造情感粘性：使用该款蒸烤箱，解放双手节省烹饪时间，让你的生活更**美好**